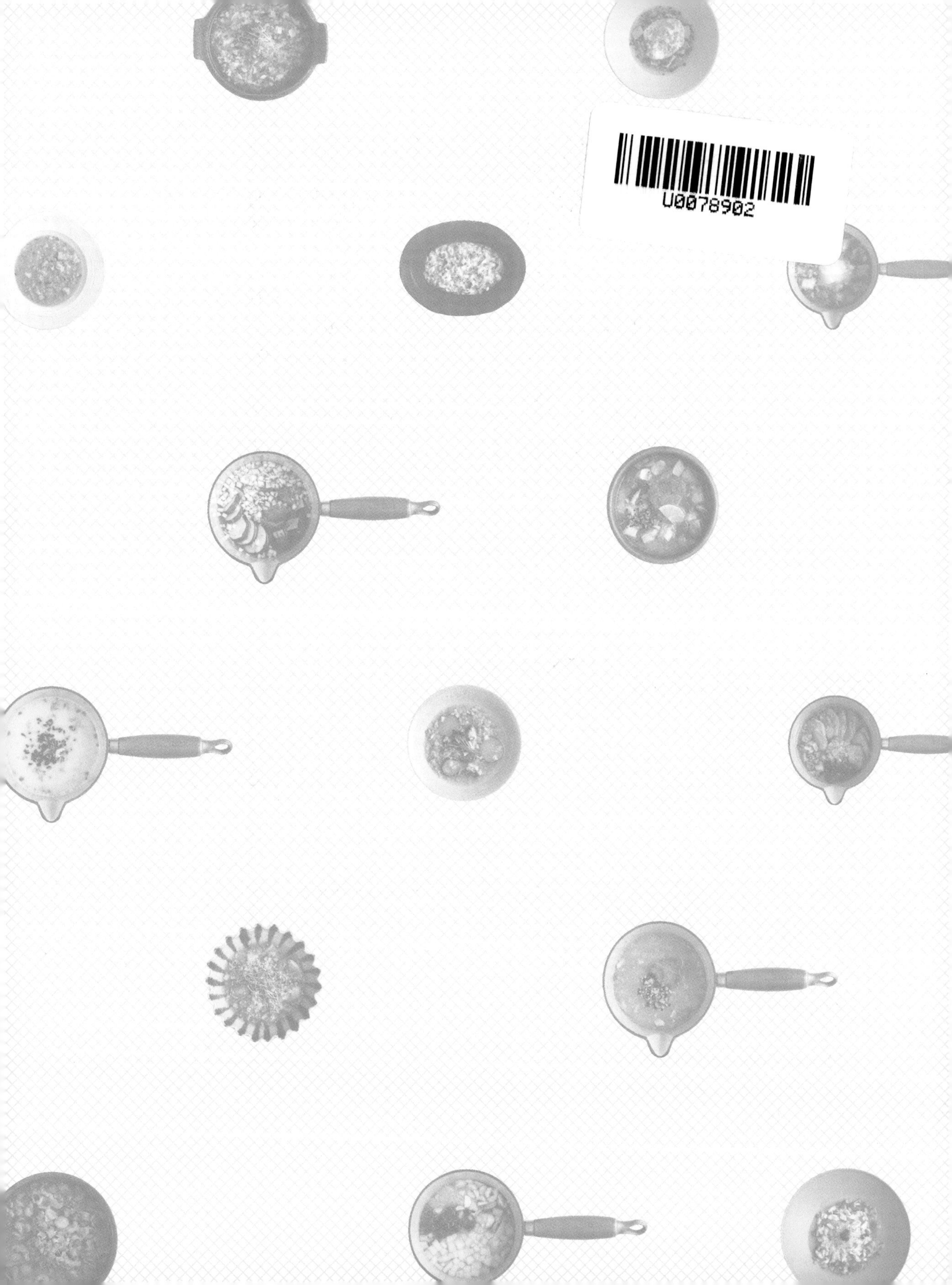

がんと生きる 犬ごはんの教科書

狗狗抗癌飲食全圖解

好想吃！

全都是為了寶貝毛孩的笑容，

衷心致上滿滿的「感謝」……。

CONTENTS

作者序

儘管醫學進步如此得明顯，但不管是人類或是狗狗，罹患「癌症」的人數或犬隻數量依然持續升高。我的父親也是癌症患者，而目前為止在我所看護的 **6** 隻狗狗中，有 **3** 隻罹患癌症，可見癌症已經不再罕見，是相當平常的疾病。

但是，當愛犬被宣告是癌症的那個瞬間，會讓人意識到可能失去牠的恐懼。到底要為牠做什麼才好呢，好想救救牠，於是會收集各種情報，選擇治療方法，期待有好的結果，但是病情忽好忽壞的日子卻不斷持續著，想盡辦法採用各式各樣的營養補充品，聽人說如果有推薦不錯的療法就東奔西走。

目前對於癌症，不管是治療法或安寧照護，可以選擇的方法很多。不管做了什麼樣的選擇，狗狗總是會積極樂觀地體諒飼主，像是要回應飼主的期待般，為飼主堅持努力。

我之所以出版這本書，是想提供給這樣努力的飼主和狗狗們，這些簡單就能完成的鮮食餐，不論會不會料理都能做得出來，甚至成為每天膳食支援的一本書。其中也有只要拌一拌就好之類的，連食譜都說不上是的簡單就能完成的健康又營養的鮮食餐。

雖然現在罹癌，但希望狗狗能過得更舒服，而不是忍著疼痛度過每一天，而是能吃好吃的，睡得舒服，開心地去散散步，直到最後一刻來臨前，都能過著安穩的日常。我衷心期盼著。

俵森朋子

CHAPTER 3

專為罹癌愛犬設計！增強活力及提高抗病力的點心食譜

CHAPTER 4

5 大作戰計畫！專為食欲不振愛犬設計的點心食譜！

附錄

12月 血液年終大掃除，淨化食譜 1

1

豬肉X菊芋

血液大掃除的鮮食餐

親愛的毛孩平安度過一年，快來手作這道鮮食餐，為愛犬作血液大清掃。利用擅長造血＆利尿的食材——豬或牛的腎臟（腰子）。另外，用肉桂來活化微血管，也能增加體溫來加速血液循環及代謝。

※ 超小＝超小型犬（2 kg）、小＝小型犬（5 kg）、中＝中型犬（15 kg）、大＝大型犬（25 kg）

92

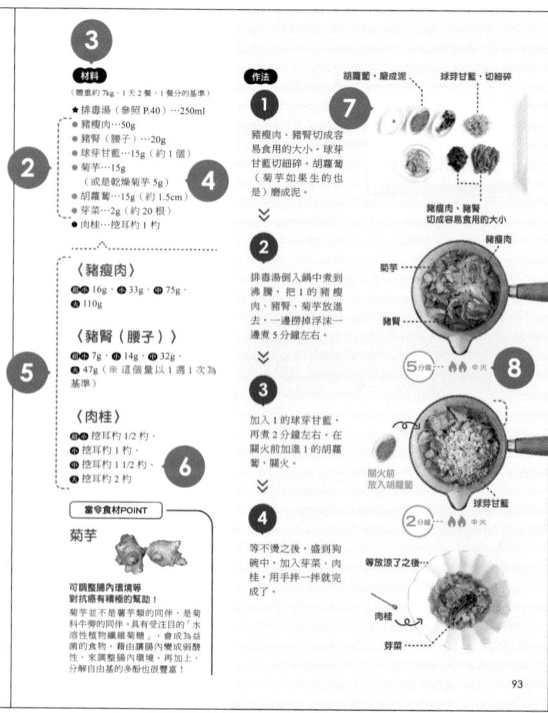

3

材料

（體重約 7kg，1 天 2 餐，1 餐分的基準）

- ★排毒湯（參照 P.40）…250ml
- ●豬瘦肉…50g
- ●豬腎（腰子）…20g
- ●球芽甘藍…15g（約 1 個）
- ●菊芋…15g（或是乾燥菊芋 5g）
- ●胡蘿蔔…15g（約 1.5cm）
- ●芽菜…2g（約 20 根）
- ●肉桂…挖耳杓 1 杓

2 4

5

〈豬瘦肉〉

超小 16g、小 33g、中 75g、大 110g

〈豬腎（腰子）〉

超小 7g、小 14g、中 32g、大 47g（※ 這個量以 1 週 1 次為基準）

〈肉桂〉

超小 挖耳杓 1/2 杓、小 挖耳杓 1 杓、中 挖耳杓 1 1/2 杓、大 挖耳杓 2 杓

6

當令食材POINT

菊芋

可調整腸內環境等對抗癌有積極的幫助！

菊芋並不是薯芋類的同伴，是菊科牛蒡的同伴，具有受注目的「水溶性植物纖維菊糖」，會成為益菌的食物，藉由讓腸內變成弱酸性，來調整腸內環境。再加上，分解自由基的多酚也很豐富！

作法

1 豬瘦肉、豬腎切成容易食用的大小。球芽甘藍切細碎。胡蘿蔔（菊芋如果生的也是）磨成泥。

2 排毒湯倒入鍋中煮到沸騰，把 1 的豬瘦肉、豬腎、菊芋放進去，一邊撈掉浮沫一邊煮 5 分鐘左右。

3 加入 1 的球芽甘藍，再煮 2 分鐘左右，在關火前加進 1 的胡蘿蔔，關火。

4 等不燙之後，盛到狗碗中，加入芽菜、肉桂，用手拌一拌就完成了。

93

1 本書的照片中，食材沒有切得很細碎。若你的愛犬是消化機能不好或是身體衰弱，要儘量把食材切細碎，或是煮好之後，再用食物調理機等打成糊狀，因應需求勾芡增加濃稠度等。

2 在材料、食材前面標示的符號，是表示以下的分類。關於這個分類的詳細解說請參照 P.39。

- ● 溫熱身體的食材（溫熱性）
- ● 不屬於溫熱或寒涼的食材（平性）
- ● 冷卻身體的食材（寒涼性）

3 食譜所記載的「材料」的分量，是以體重 7kg 前後的小型犬 1 天 2 餐中的 1 餐分來設定。請參照 P.28，給適合愛犬的分量來餵食。另外，也請依照試餵後當時的身體狀況來隨時調整。

4 並非得要餵和食譜完全一樣的食材才行，可一邊檢視營養素和食物屬性的平衡，一邊替換或是減少當令食材或推薦食材，自由變換使用就 OK 了。

5 關於蛋白質或配料，依每一種狗狗的體型來標示分量。狗狗的體型標示，大約設定為以下。

超小 ＝超小型犬＝體重約 2kg

小 ＝小型犬＝體重 5kg

中 ＝中型犬＝體重 15kg

大 ＝大型犬＝體重 25kg

6 以下的分量的標示，大約是用以下的意思來使用。

挖耳勺 1 勺＝約 0.02g

7 匯整成儘量用圖解的方式呈現。

8 標示了火力大小和烹煮時間，但也可能依環境或器具而有所不同，所以請一邊觀察火力一邊調整。

※特別是已經診斷為疾病，請依照獸醫的指示來餵食。

※營養補充品請依外包裝等標示餵食。

※狗狗有個體的差異，每個毛小孩都有牠自己適合身體的食物和不適合的食物。在本書中所刊載的鮮食餐，若有和愛犬的身體不合者，不要勉強，請停止食用。

CHAPTER 1

與癌症共存的毛孩鮮食重點

當心愛的毛小孩得到癌症，這時候牠們的身體會和健康時不一樣了。因此，在製作鮮食時，要先了解愛犬的身體狀態，和各種食材對應的作用，本章節我將介紹製作抗癌鮮食餐的基本知識！

癌症的基礎知識1

當愛犬罹癌時的身體 不要VS必要的營養素！

動物的身體是細胞的集合體，在各個細胞裡有構成基因的 **DNA**。正常的細胞被設定的程序為一旦增殖到必要的數量就會停止，但若發生異常，使得細胞持續增殖後，就會成為腫瘤。不過，即使是健康的身體，在癌細胞的發生和破壞反覆進行下，一旦免疫力下降，對癌細胞的攻擊就會減弱，就造成癌細胞持續增殖的狀況。

換句話說，癌細胞也是愛犬的身體一部分，會從體內或吃下去的食物中奪走能量，持續成長。為了與癌症共存，飼主們必須提供癌細胞不喜歡的飲食。

罹癌的身體和攝取營養素的關係

因為癌細胞為了要增殖，會從狗狗的身體裡奪走能量來源，所以得到癌症的狗狗會進行和健康時不同的營養素代謝。一般認為，單純構造的單醣類容易被癌細胞奪走去滋養癌細胞，若複雜構造的脂肪，特別是 omega-3 脂肪酸，不容易被奪走。

癌細胞最愛吃，要少量給予

因為醣類代謝所產生的能量絕大部分都會被癌細胞給奪走，所以一般要控制攝取量比較好。不過，地瓜的醣脂質具有強力的抗氧化作用，因此也請視和其他效能之間的平衡而定。

狗狗罹癌的特徵警訊！

- ☐ 長硬塊
- ☐ 傷口癒合異常的慢
- ☐ 從口、耳、肛門、鼻腔等異常的出血
- ☐ 體重突然減輕
- ☐ 食欲時好時壞，吃不下飯
- ☐ 拉肚子或持續嘔吐
- ☐ 全身散發出難聞的味道
- ☐ 在散步途中停下來，不想走
- ☐ 在散步後等等，會喘得很厲害
- ☐ 尿尿的顏色很深，味道也很臭
- ☐ 血尿
- ☐ 長時間睡不著
- ☐ 牙齦總是白白的

脂質

作為能量來源善加利用

因為癌細胞無法善加使用優質脂肪，所以飼主可以善加利用在餐食中，讓得到癌症的狗狗能有熱量、有體力。長癌的身體，因為會使用體脂肪來取代醣類，容易變瘦，所以請補充脂肪。

蛋白質

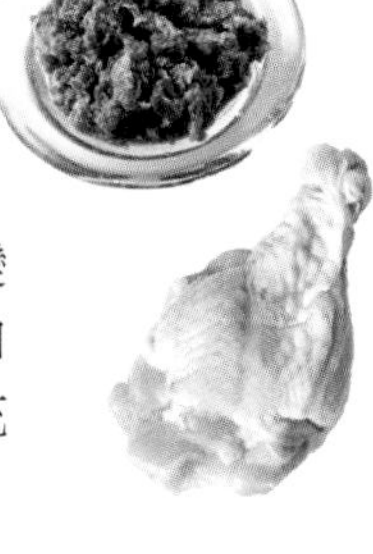

有助強化肌肉、傷口癒合

因為癌細胞會利用胺基酸，所以會引起胺基酸缺乏，變得容易引起肌肉衰退或傷口痊癒變慢、感染等等。補充優質蛋白質是有必要的。

癌症的基礎知識2

生活中有可能成為誘發毛孩罹癌的主因！

在腫瘤之中，比正常的細胞增殖的速度更快，會妨害正常代謝和臟器機能的惡性腫瘤，稱之為「癌症」。惡性腫瘤的特徵是容易復發且轉移的情形也很常見。

至於為什麼會引起細胞損傷後，誘發癌化呢？目前原因尚未被解開。一般認為，遺傳、環境、生活習慣、飲食等各式各樣的因素，複雜地交織在一起所引起的。也有可能是進入高齡，罹患癌症的機率就會增加，所以也可以說是人類和狗狗都變得長壽而產生的結果。為了不讓癌症惡化，做好預防，只能儘量排除有可能給細胞造成損傷的原因。

細胞有可能受到損傷的要因是？

透過人類的罹癌研究發現，在科學上已被檢查出罹患癌症的主因中，整理出被認為也和狗狗的癌症有關係的項目。雖然無法全部排除，但請配合愛犬和家人的生活習慣，試著想想看是否有能夠避免的項目吧。

車輛廢氣

車輛排放的廢氣中含有多種有害物質，美國環境保護局認定了柴、汽油排放廢氣的致癌性。因此，在散步時要特別注意周遭環境和車輛多寡，儘量去車輛較少的地方。

瀝青

瀝青中含有致癌物質「苯芘」。在免疫力差的時候，要特別小心不要讓狗狗舔到。

過度的運動

適度的運動雖然會強化免疫力，但一旦過度，就會增加自由基，讓身體的加速氧化。

殺蟲劑或除草劑

根據美國的研究報告指出，使用除草劑的家庭，狗狗的淋巴癌發生機率大於 2 倍。因此除蟲的時候也請儘量使用天然的產品。

狗狗常發生的癌症種類

「性周期」期間由卵巢所製造的荷爾蒙影響

乳腺腫瘤（乳癌）

風險高的犬種：貴賓、梗犬類
可卡獵犬類、牧羊犬類等等

占狗狗的腫瘤中比例最多，其中有一半是惡性。在惡性之中有一半，會出現在一年以內轉移到肺。經由結紮可抑制發生率，在發情前結紮的話，發生率為 0.5%。

白血球的一種，淋巴球腫瘤化後的產物

淋巴瘤

風險高的犬種：拾獵犬類、拳師犬
傑克羅素梗、鬥牛犬等等

通常在下巴下面、腋下、胯下等淋巴結出現腫大的症狀。用手術無法控制，要使用化學療法（抗癌劑）有比較好的效果，所以早期發現是關鍵。

發生在皮膚上或皮下

皮膚的腫瘤

風險高的犬種：法國鬥牛犬、波士頓梗
鬥牛犬、拳師犬等等

在引起過敏反應或發炎的地方經常發生的肥大細胞瘤最多，其他還因曬太陽而發生的鱗狀細胞癌、脂肪瘤（良性）等等。

從製造出纖維的細胞發生的

肉瘤（血管肉瘤、骨肉瘤）

風險高的犬種：拾獵犬類、牧羊犬類
蹲獵犬類、大丹犬等等

血管肉瘤多數發生在脾臟，很難察覺，容易造成為時已晚的情況。骨肉瘤聽說有八成是發生在手足，隨著病情變嚴重會造成劇痛，很多會轉移到全身。

雜質多的水

在家庭用的自來水中，為了去除雜菌繁殖，會加進次氯酸。在治療中請儘量給予淨化過的水。

氧化的飼料或添加物

氧化的脂質不會經過可以代謝毒素的肝臟，而是直接被送到心臟，再被送達全身。要盡力防止飼料及添加物氧化。

電熱地毯或手機等的電磁波

已知電磁波會減少抑制癌症必要的褪黑激素的量。要想辦法讓狗狗離遠，或減少使用頻率等等。

過度的壓力

不安的精神壓力，會給肝臟造成負擔，讓解毒機能低下，身體容易氧化。要儘量讓狗狗開心。

香菸

據說含有造成肺癌的有害物質，在和狗狗同處的空間裡，請不要吸菸。如果要吸菸，不管是室內或車內都要通風。

過多的疫苗接種或預防針

疫苗接種會給免疫系統壓力，特別是對得到癌症的狗狗，損害很大。請和獸醫諮詢是否要接種。

與癌症共存的食材選擇1

提高免疫力 調整腸內環境的食材

所謂「免疫」，是「免」除「疫（＝疾病）」的機制。免疫有兩種，守護身體避免體內受到病毒或細菌等異物侵入；預防疾病的是「黏膜免疫」，在眼睛或鼻子、嘴巴、腸道、陰道、尿道等運作。相對於此，可以捕捉到突破黏膜免疫而入侵到身體的異物，並將它排除的是「全身免疫」的功勞。

全身約 7 成的免疫細胞都在腸道，會因飲食或散步、氣壓的變化、壓力等而有所改變。為了調整腸內環境及提高免疫力，可以多攝取益菌愛吃的膳食纖維，和內含益菌存在的發酵食品。

腸道和免疫力的關係

腸道雖然是吸收營養或水分的臟器，但其實在吸收營養或水分的同時，也會篩選出是有益健康或著是有害物質入侵。腸道裡有免疫細胞集中，是為了排除有害物質，或是攻擊突破了防線而進入的毒素，所以腸道健康與否和免疫力有很大的關係。

免疫細胞約 7 成在腸內被製造的

腸子裡，有擊退病原菌或病毒等外敵的免疫細胞大集結，其數量大約占體內免疫細胞的 7 成！再加上，每日在腸內打仗的免疫細胞，也會隨著血液被運送到全身，在身體各處做守衛。

益菌：壞菌＝ 7：3 最理想

對於生產出免疫細胞，調整好腸內環境是很重要的。腸內除了有益菌和壞菌之外，還有「伺機菌」是牆頭草，會選哪一方占優勢就幫助哪一方運作的性質。因此製造出益菌容易增加，壞菌不容易增加的環境是重點。

調整腸內環境的推薦食材

成為益菌的食物

膳食纖維豐富的食材

以狗狗的消化酵素是無法消化膳食纖維，就這樣送到腸道會成為像殘渣一樣的東西。分成是否會溶於水的「水溶性」和「非水溶性」，兩者均衡良好地攝取是很重要的。

（水溶性）

根菜類

幫助把體內的毒素隨著糞便排出到體外。牛蒡、蓮藕、蘿蔔、野生山藥、胡蘿蔔等。

海藻類

富含碘可促進代謝，讓腸子的活動變活潑，防止體溫低下。當然也可幫助毒素排出。

奇異果

蛋白質的消化酵素也很豐富。維生素C的抗氧化作用很高，纖維富含量高能活化腸道。

秋葵

保護胃黏膜、強化整腸作用的黏液很豐富。正因為纖維很多，注意不要給過多。

煮過的

蘋果

蘋果擁有整腸作用很高的果膠，在皮和果實之間很豐富。請把農藥徹底洗乾淨，連皮打成泥。

成熟的

香蕉

因為寡糖和果膠含有很多膳食纖維，又是高熱量，食欲不振時吃一點可以幫助消化。

（非水溶性）

菇類

維生素D很豐富，多醣體有防止和癌症增殖的產生。也有排毒效果。

紫蘇葉

有很強的溫熱身體作用，紫蘇葉特殊香氣具有殺菌、防腐作用，在反覆嘔吐拉肚子的時候也能派上用場。

埃及國王菜

整體上營養價值很高，對食欲不振有效果。把葉子切碎所產成黏液成分，就是膳食纖維。

南瓜

非水溶性膳食纖維在皮裡面含量特別多。β胡蘿蔔素和油脂結合後，吸收率會更提高。

青花菜

十字花科蔬菜含有硫配醣體，有抗腫瘤功效。此外，也是蛋白質很豐富的蔬菜。

豆類

具有整腸、抗癌等的成分。大豆、納豆、菜豆等。

益菌存在的

發酵食品

利用乳酸菌或麴菌等的微生物將蛋白質或糖等分解，讓食材變化為另一種食品，就是發酵食品。以乳酸菌為首，含有豐富的可抑制腐敗物質增加的益菌。

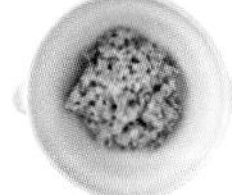

納豆

水溶性和非水溶性兩種的膳食纖維都均衡含有。推薦把碾碎的納豆給毛孩吃。

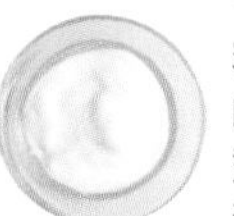

優格

乳酸菌可讓益菌的活動變活潑，對緩解便秘和改善拉肚子有幫助。腸道會變乾淨。

甜酒

也被稱為「喝的點滴」，能溫熱腸子，增加益菌，也可預防或改善便秘。請用溫水稀釋。

蘋果醋

不須加熱、無過濾、充滿醋酸的、有活的酵素殘留的「with mother（含有醋母）」類型的最佳。

與癌症共存的食材選擇2

夏天吹冷氣
也會冷到喲

配合四季照護 加強血液循環溫熱身體的食材

動物的身體，會藉由擴張及收縮血管，並以身體中心部位為優先來維持體溫。若是因各種原因引起了血液循環不良的話，身體就會變得很容易冰冷，使得免疫力低下，又造成血液循環低下的惡性循環。

在季節轉換時，對氣溫或濕度、氣壓、環境的變化如果無法順利克服的話，自律神經就會混亂，身體的平衡會失調，體內的血液或水分的流動就變得容易淤塞。除了吃當令的食材（參照 **P.38**）之外，再藉由加一點溫熱身體的食材，能有助血液循環。

促進血流、溫熱身體的機制

體溫約有 50% 是由肌肉和腸道所提供的。若藉由食物讓腸道的活動變好，頭和身體也變得較靈活；藉由適度運動，讓肌肉和腦活絡，而腸子的活動也會變好。像這樣，腸、腦、肌肉這 3 個密切的關連，體溫就被製造出來了。

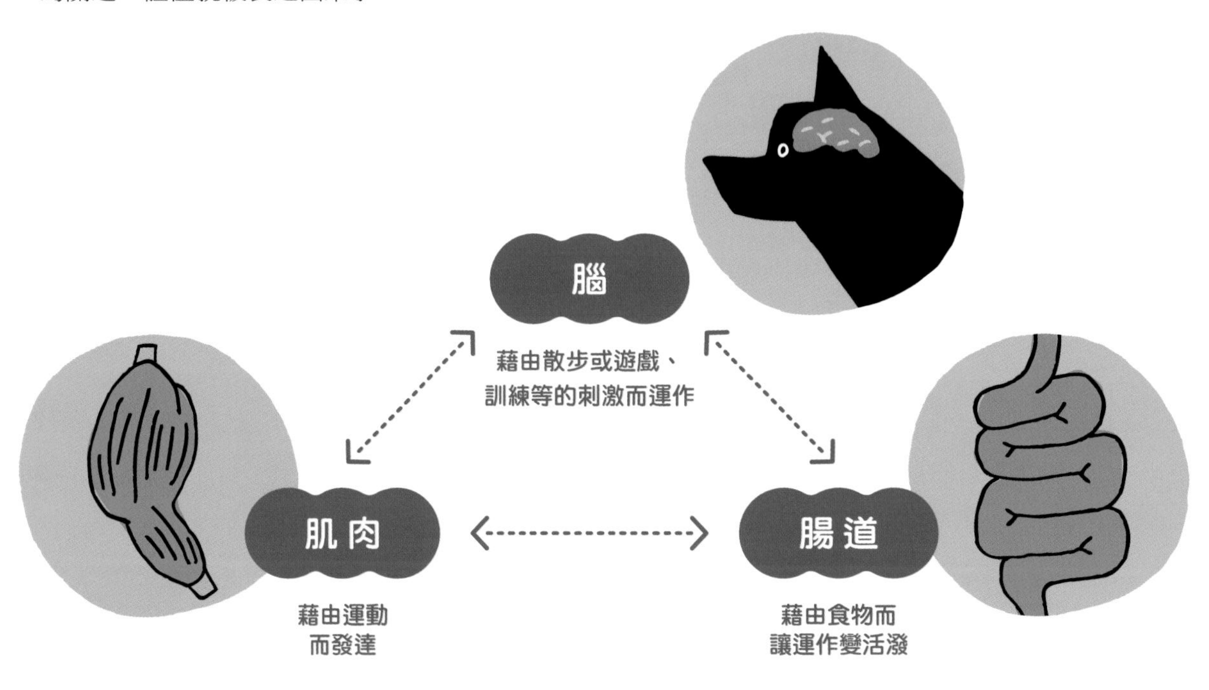

能提高體溫的推薦食材

只要微量就能達到每天一點一點的保養

粉末類型

粉末的食材，只要在每天的膳食撒上極少量即可，所以很容易採用，十分便利。摸狗狗的腳尖檢查看看有沒有冰冷，再選擇配合身體狀況的食材吧。

乾燥薑粉

食用薑粉可以從體內溫暖到體外，促進血液循環，提高免疫力的作用。在開冷氣的季節和從晚秋到冬天，請給予極少量餵食。

肉桂

可防止或修復微血管老化、具有調節血糖值的功能。小型犬用挖耳勺2～3勺，即使是大型犬，也只要1/2小匙，少量即可。

春薑黃

具有精油成分「甘菊藍」有抑制發炎或潰瘍的效果，溫熱的作用也很強。因為效用太強也有可能給肝臟造成負擔，要小心使用。

溫和地慢慢熱起來的保養

方便買到的草本植物

在市場常見的草本植物中，也具有保暖身體的作用。但不要持續使用相同的食材，以輪流替換的方式，讓身體溫和地慢慢熱起來吧。

紫蘇葉

被認為是可讓血液清澈乾淨，促進血液循環的食材。也含有鋅或鐵，可慢慢溫熱身體，強力的抗氧化作用也值得期待。

荷蘭芹

獨特的香味成分「萜烯」，具有讓腸內的壞菌減少的作用，藉由整腸讓體溫上升，維生素豐富，也有排毒效果。

百里香

讓血液循環變好的效果值得期待之外，具有殺菌成分的百里酚，並富含調整氣管的皂苷。

羅勒

含有豐富的礦物質和維生素，具有溫熱身體的效果。在特殊香味的成分中，也有放鬆效果或讓心情平靜的作用。

與癌症共存的食材選擇3

具有抗氧化的食材
去除引起老化原因的自由基

氧化會成為生病的原因喲

所謂自由基（活性氧），它的活性極強，可與任何物質發生強烈的反應。一旦上了年紀，對自由基的防禦力就會變差，於是自由基的作用會變強，身體的各處就會逐漸衰老。因此，能幫助抑制自由基作用的就是抗氧化食品。這些食材，比起單項攝取，藉由各種食材組合搭配，相輔相乘的效果更好。

除此之外，被認為會加速產生自由基的紫外線或電磁波、放射線、空氣污染、香菸、藥、吃已經氧化的食物、過度的運動、來自心理層面或生活環境的壓力等，都應該盡力避免比較好哦。

讓細胞生鏽的自由基是什麼？

一般而言，經由呼吸被吸入體內的氧氣，是氧在體內新陳代謝後所產生的物質。自由基做為細胞信號傳導物質或運作免疫機能，一旦過度發生，就會給體內酵素或細胞帶來損害而讓細胞生鏽氧化，血管的生鏽氧化被認為是形成癌症等的原因。

高度抗氧化的推薦食材

維生素類

以下 3 種維生素被稱為「抗氧化維生素」，能有效抑制無法被酵素處理乾淨的自由基。飼主可以讓與癌共存的愛犬積極攝取！

維生素C

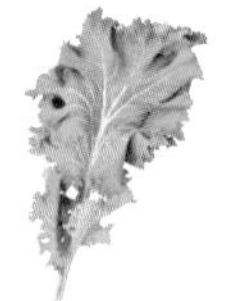

防止細胞或血管的氧化。若搭配維生素 E，就會有相輔相乘的效果。

▶羽衣甘藍、荷蘭芹、青椒、奇異果等

維生素E

不飽和脂肪酸可抑制氧化所形成的過氧化脂肪，預防細胞的損傷。

▶香魚、埃及國王菜、南瓜、彩椒、大豆、黃豆粉、芝麻、大麻籽、大麻籽油、茶花籽油等

維生素A

藉由強化黏膜來改善黏膜免疫。

▶肝、香魚、鰻魚、鮪魚、海苔、胡蘿蔔、埃及國王菜、山茼蒿等

類胡蘿蔔素

廣泛存在於動植物中黃色或紅色的色素，尤其是植物的葉或莖都有。特別是存在綠黃色蔬菜或各種水果中。

β胡蘿蔔素

會因應需要，在體內變化為維生素 A 產生作用。

▶青紫蘇、荷蘭芹、埃及國王菜、南瓜、胡蘿蔔等

茄紅素

為紅色色素，即使加熱也不容易被破壞。針對消化系統的癌症有較佳功效。

▶番茄、西瓜、茄子等

葉黃素

含在葉、花、果實裡的黃色的色素。

▶南瓜、胡蘿蔔、玉米、高麗菜等

辣椒素

和茄紅素一樣擁有很強的抗氧化力，增加好膽固醇的作用備受期待。

▶紅椒、辣椒等

玉米黃素

在綠黃色蔬菜中含有很多的成分。被認為可改善眼睛的狀況。

▶彩椒、木瓜、菠菜、蛋等

β隱黃素

柑橘類的皮含量豐富的橘色色素。對肝機能的保養和預防皮膚癌有效。

▶溫州蜜柑、金桔等

多酚

植物在進行光合作用時形成的物質的總稱。苦味或澀味很強，在深色植物的果實中含量特別多。

花青素

紫色的色素。抗氧化力極高可提高血液循環，預防癌症，同時改善眼睛機能。

▶藍莓、紫芋地瓜、紫高麗菜、黑豆、茄子等

異黃酮

在大豆中含量很多，可抑制血中的壞膽固醇的氧化。

▶豆腐、豆漿、納豆、黃豆粉、油豆腐等

兒茶素

茶裡面特有的苦澀味成分，預防癌細胞增生的效果備受期待。

▶焙茶、綠茶等

薑黃素

可幫助肝機能，提高免疫力。

▶春薑黃、薑黃（餵的時候要少量）等

蘆丁

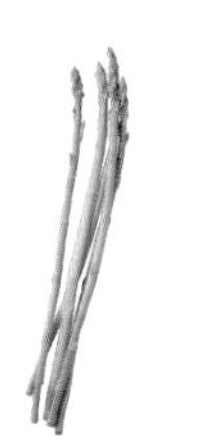

有助微血管柔軟，血流變順暢。

▶蘆筍、無花果、番茄、紅豆等

請做各種搭配組合喲

與癌症共存的食材選擇4

多吃排毒食材 有助體內毒素代謝

發生癌症，可能是因為在體內滯留很多毒素無法順利排出。為了要與癌症和平共存，或是儘可能的讓癌症不要轉移，排出毒素是必要的。

為了要把滯留在體內的毒素排出，在每日膳食中，就要採用可以把體內有害物質包起來後並排出的食材、促進排出有害物質的食材、幫助把有害物質無毒化的食材。另外，具有排毒功能的肝臟、腎臟、腸道也能好好地發揮作用，打造出具有活力運作的身體。

滯留在體內的毒素是？

毒素有從體外侵入，和在體內產生的兩種，會逐漸在身體累積。皮膚炎、過敏、外耳炎、結膜炎、拉肚子、便秘等等的不適，因為也有可能是毒素滯留的徵兆，所以要特別注意，進行排毒。

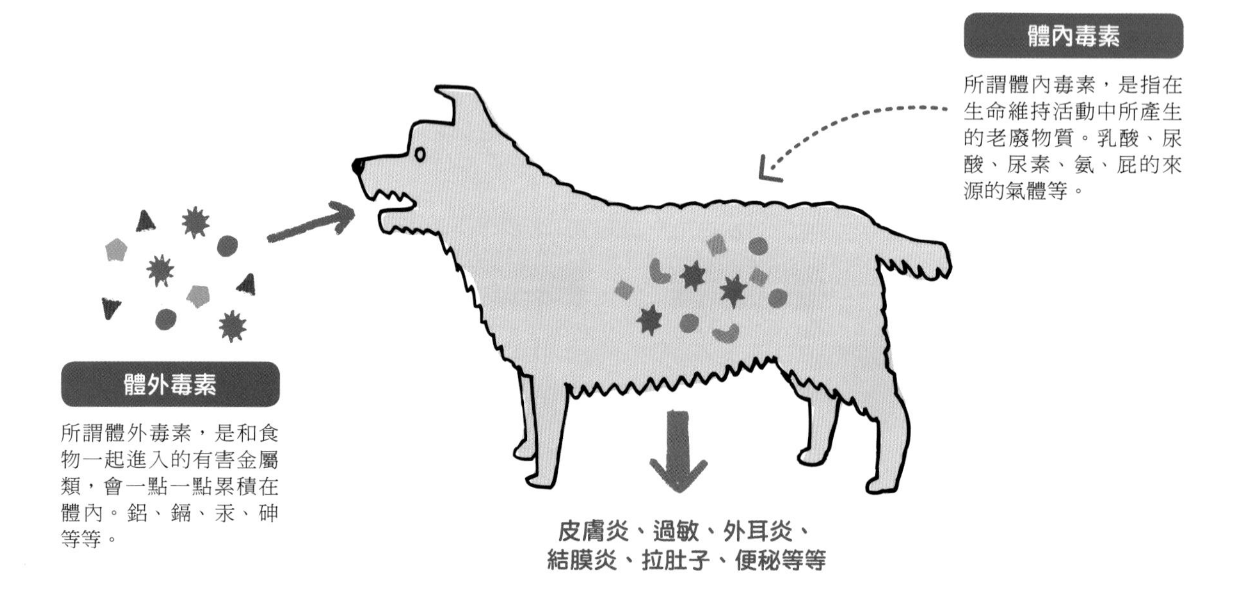

排毒作用高的推薦食材

把體內的有害物質包起來並排出

含有硫化物的食材

具有很強的抗氧化作用和抗菌作用，對維持血管健康也有助益。

大蒜

溫熱作用和抗氧化作用都很強。大量攝取會造成損害，所以要謹慎使用（參照P.69）。

白蘿蔔

辣味成分來自於硫化物。磨泥後和蜂蜜搭配，也可補給水分。

高麗菜

含有被使用在胃腸藥的維生素U很豐富。為了減輕對胃腸的負擔，請稍微煮軟一點。

幫助把有害物質無毒化

十字花科的蔬菜

特殊成分擁有很強的抗氧化＆抗菌作用。

青花菜

特別豐富的蘿蔔硫素，可解毒和抗氧化，癌症的預防效果備受期待。

花椰菜

維生素C是橘子2倍含有十字花科的抗氧化物質，可預防癌症。餵食前要煮熟。

高麗菜

維生素U被認為對受傷的黏膜或肝臟的機能回復有效果，有助於潰瘍的預防。

白蘿蔔

富有抗氧化物質。不用加熱直接磨泥，或是切成小小塊的當點心。

促進排出有害物質

膳食纖維（參照P.17）

把壞菌所產生的活性氧吸附後排出，讓腸道活性化。

蘋果

膳食纖維在皮的內側很豐富。把農藥徹底洗淨，連皮一起食用。加熱後更佳。

牛蒡

水溶性菊糖能整腸，非水溶性木質素可幫助通便。推薦磨泥後加熱使用。

菇類

非水溶性可促進排毒。日曬曬乾後，營養價值更提高。切細碎或弄成粉末。

海藻

豐富的纖維可調整腸內環境，提高免疫力。因為不容易消化，所以請切細碎。

為汞或鎘解毒

硒

可製造和自由基對抗的酵素與礦物質。

柴魚片

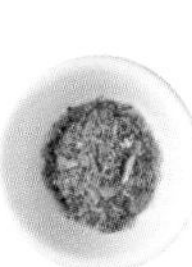

在鰹魚或鮪魚中也很豐富。若和維生素C一起攝取成效更好。

＋

腎臟的支援

水分要大量攝取，讓腎臟的過濾更順暢。必要的飲水量或讓狗狗容易攝取水分的辦法請參照P.26-27。

肝臟的支援

請搭配有苦味的蔬菜、優質的蛋白質、牛磺酸（蜆等）、具有抗氧化作用的食材來攝取（參照P.21）。

腸的支援

為了增加益菌，調整腸內環境，請積極地攝取膳食纖維豐富的食材或發酵食品吧（參照P.17）。

與癌症共存的食材選擇5

高效預防癌症的計畫性食物金字塔

所謂「計畫性食物金字塔（**Designer Food Pyramid**）」是 **1990** 年美國的國立癌症研究所（**NCI**），以截至當時為止龐大的調查為基礎，將被認為對癌症預防有效果的大約 **40** 種食物，以效果值得期待的順序，從金字塔頂部開始排列的計畫。當初的計畫是「以植化素為特定成分，含有並可強化該成分的食材來設計製作」為目的而開始的國家計畫。這個計畫本身，似乎因政府的預算刪減而遇到了腰斬，但有了這個金字塔，美國國民的癌症死亡率開始慢慢地減少，也被認為對健康的效果有所幫助。

容易採買的推薦食材

大蒜

被放在金字塔最頂端的位置，溫熱作用或抗氧化作用、排毒作用被寄予厚望。餵食時以磨泥等方式，建議謹慎的使用（參照 P.69）。

高麗菜

緊接在大蒜之後，被認為具有癌症預防效果的蔬菜。維生素 U 對受損的黏膜或肝臟的機能回復有效果，也能預防胃潰瘍。

胡蘿蔔

富有 β 胡蘿蔔素，會在體內轉化為維生素 A，提高免疫力。也含有擁有強力抗氧化力的黃色色素－葉黃素。

西洋芹

含有名為芹菜素或木犀黃色精的類黃酮，抗氧化作用備受期待。也含有豐富的礦物質或維生素。

番茄

含有茄紅素，據說其抗氧化作用是胡蘿蔔素的數倍以上。也有研究結果發現，在常攝取番茄的地區，很少有人罹患癌症。

青椒

維生素 A、C、E、膳食纖維很豐富。特別是紅色青椒，含有擁有很強的抗氧化力的辣椒素，維生素 C 也是綠色的 2 ～ 3 倍。

青花菜

特別豐富的蘿蔔硫素是硫化物的一種，可解毒和抗氧化，強力的抗癌作用值得期待。青花菜芽菜也很推薦。

計畫性食物金字塔

在這個計畫中的抗癌食物，是指多酚或類胡蘿蔔素（參照 P.21）等，從植物性食材的色素或香味、澀味等的成分中被發現的化學物質。關於它的效果，現在依然有研究正在進行中。飼主可以多變換食材讓毛孩得到不同的營養。

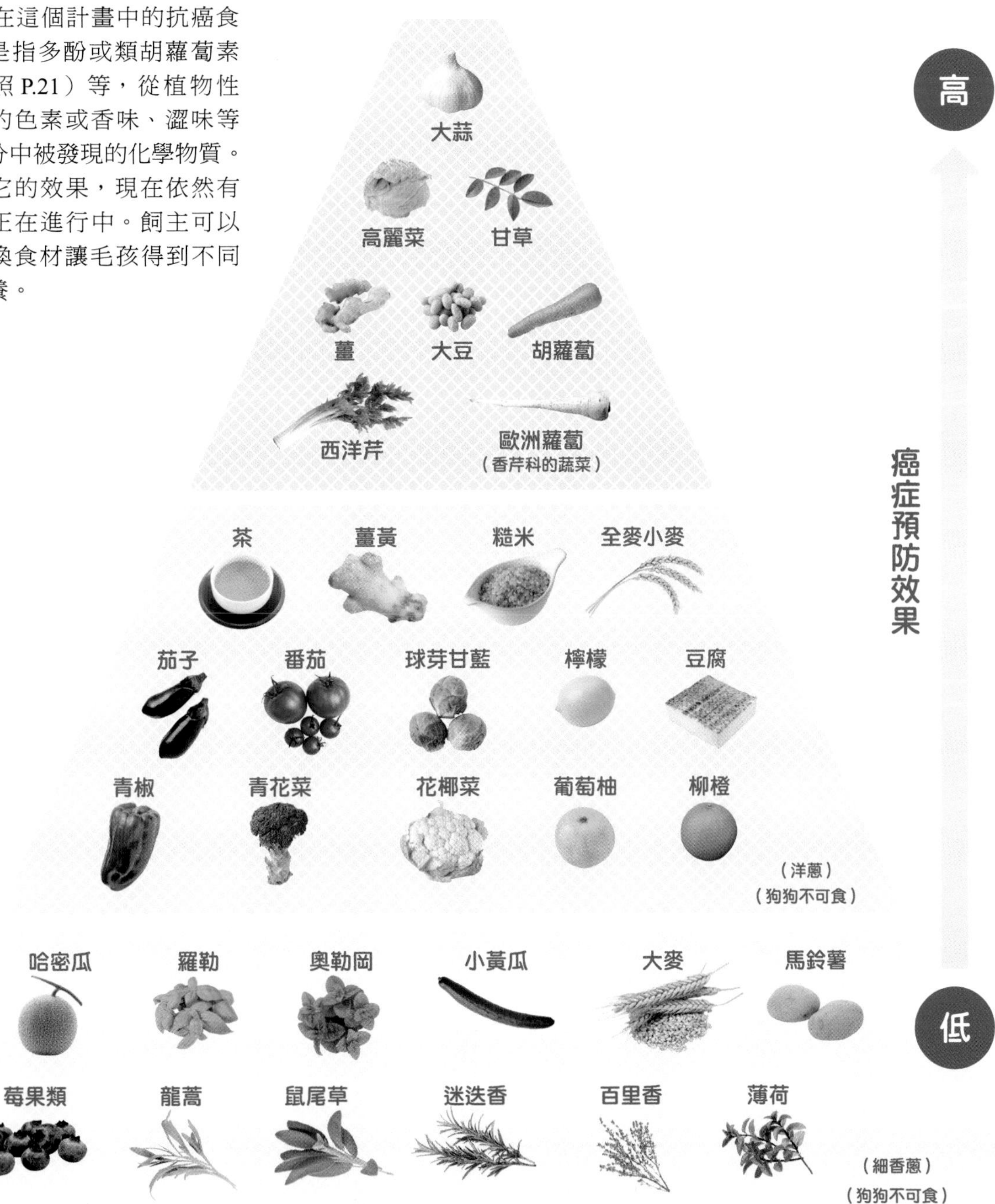

水分補給
比營養均衡更重要！

一般而言，狗狗的身體約 60 ～ 70%是由水所構成的。為了把吃下去的營養或氧氣運送到全身、讓酵素好好發揮作用。還有，為了消化吸收，水分都是必須的。另外，為了讓體溫保持一定等等的體溫調節，水分也擔任著很重要的角色。

水分會因呼吸或排泄、喘氣、發燒等，在日常生活中自然地消失。一般而言，狗狗如果水分喪失 15%以上，就會陷入性命攸關的嚴重狀態。特別是進入高齡後，身體的水分含量容易減少。因此每天要確實地攝取水分，不要讓消化吸收變差，讓細胞和血液都保持在新鮮的狀態，是比吃任何東西都更重要的事。

1 天必要的飲水量是多少？

雖然只是計算上的理想數值，但獸醫師協會推薦的「1 天必要的飲水量」，可用右邊的公式計算。對於與病魔對抗中的狗狗，硬水要少喝，給予自來水等軟水即可。但是，有急性的腎臟病、心臟病（肺水腫等）的疾病的狗狗，或是喝了就全部吐出來的場合，請遵照獸醫的指示。

狗狗1天必要的飲水量（mℓ）
＝
體重（kg）的0.75次方×132

※ 也包含從蔬菜或飼料中攝取的分量

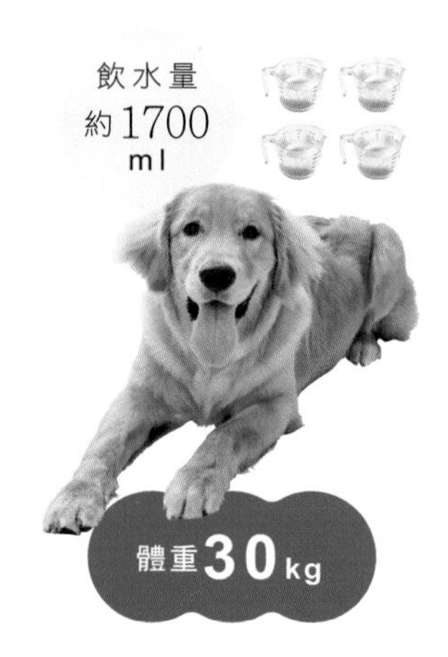

水的種類

水有各式各樣的分類。如果是健康的狗狗，喝燒開過的開水就好，但抗病中的狗狗，至少要餵淨化過的水，避免把不必要的毒素帶進體內。

分類	說明	可能會對身體的影響
自來水	把水庫或井水等過濾、殺菌、消毒後成為可飲用的水。依據水道法制定了水質基準。日本的自來水是軟水。（編註：台灣北部的水總硬度約在80–160mg，屬於軟水；中南部則屬於硬水、而且越往南部，硬度越高，有的甚至高達600–700mg；東部的宜蘭、花東也是屬於硬水。）	基本上煮開後給愛犬喝是沒有問題的，但因為含有很多氯，建議使用淨水器等。
天然水	由大自然經年累月過濾後，含豐富礦物質成分的水。依產地或製造方法不同，內含的成分也不同。	含有名為釩的礦物質成分的天然水，對糖尿病或膽固醇的改善值得期待。
礦泉水	被裝在容器中市售的「只有以水為原料的清涼飲料水」，在廣義上全部都被稱做礦泉水的情形很常見。	硬水的產品對過敏疾病的改善值得期待，但風險也很高，對尿道結石的狗狗或老犬不適合。
鹼性離子水	指的是經由電氣分解在陰極端被生成的、含有鹼性離子的、一般為pH值9～10的電解水。	弱鹼性離子水對腎臟、膀胱、膽囊等的結石的改善備受期待。
海洋深層水	位於陽光無法到達的、水深200m以下的深層海水，再將其鹽分去除後取得的水。均衡含有各式各樣的礦物質成分。	推薦給因生病等體力衰退的狗狗、老犬。
氫水	溶入氣體的氫的水。	沒有明確的效果的實證，但據說可去除自由基。
純水	從自來水中除去雜質的高純度的水，溶解力很強，本來，是被用在精密機械洗淨用的水。	並不是不能直接生飲，但不建議給狗狗生的純水。
氣泡水	在適合飲用水中，溶入碳酸氣泡（二氧化碳）的水。	對於關節炎、脊椎炎、低體溫等的改善值得期待。但是不要常用。

為了讓狗狗容易攝取水分的辦法

● 水裡加味道
把羊奶、優格加水溶化做成飲料；脂肪少的肉煮成湯、加進柴魚片、稍微拌一點蜂蜜等等。

● 增加濃稠度
做成寒天、使用純葛粉或凝膠劑。

● 加熱
不要用常溫，加熱成溫水後就能增加甜味。但是不要超過體溫。

● 搖一搖
把水倒進保特瓶中，像是做雞尾酒一樣好好搖一搖的話，水分子會變細，變得更順口好喝。

● 在容器上下工夫
很多狗狗喜歡淺的容器。調整高度，不要讓脖子太低。找找看不鏽鋼、玻璃、木製、陶瓷等，狗狗所喜歡的材質（也有說法是說塑膠因化學反應會讓味道變差）。

● 冰
在夏天的時期，可以做肉汁或羊奶等有味道的冰，取代點心來餵，或是放在飲用水上浮著，少量餵食。

● 強制性的餵水
當狗狗不太願意自己喝的時候，如果不會特別反感，可以每 1 小時用針筒（滴管等）吸入 2 ～ 3ml 的水，少量一點一點頻繁多餵幾次。

自製毛孩鮮食的基本觀念1

愛犬罹癌後的 飲食分量和比例原則

自製狗狗癌症鮮食的分量和食材的比例，要依愛犬的體重來決定主食的肉類或魚等蛋白質的分量。然而，蔬菜的量建議要以目測的體積，看起來和蛋白質相同的量或是稍微多一點為佳。但是，一天能使用的能量是有限的，吃太多的話，光是為了要消化這些食物就必需要消耗很多能量，反而會使狗狗更虛弱。當愛犬罹癌後，希望能量可用在提高免疫力或提高血流、細胞的修復等方面，所以儘量不要浪費能量。因此，建議不要多吃，讓消化比較輕鬆，能維持在最佳體重範圍的，即使感覺分量稍嫌不足也沒關係。

餵給罹癌狗狗的食材比例基準

和肉或魚相比，蔬菜的量，不是以重量來決定，而是以在料理之前的整體體積來決定。因此，比例是大約的，而不是絕對的。沒有食欲的時候，只用肉或魚就好，有食欲的時候，可一次給多一點，配合身體狀況來隨機應變。

以外觀的體積

肉or魚選1種

首先決定肉或魚的量

肉類或魚的分量，以右頁表格為基準來決定。同時視當日的身體狀況，有食欲的時候可以徹底實行，沒食欲的時候，也可以只烤、蒸肉或魚的單一樣來餵就好。

：

蔬菜、菇類、海藻選1～2種搭配

配合肉、魚的體積來使用蔬菜

以在料理前的外觀目測體積，來選和肉或魚相同的量或是稍微多一點的蔬菜、菇類、海藻。有食欲的時候，大便不會軟軟的程度，可以給多一點，沒有食欲的時候，篩選到1～2樣，或是只用菜汁也OK。

蛋白質攝取量1日基準

得到癌症的狗狗們，各別的差異很大。雖然提供各個體重別的參照基準，但終究只是參照基準。請配合毛孩吃的狀況、大便的量或狀態、體重增減來調整。

體重	牛肉		豬、馬肉、主要是青皮魚		鹿肉		雞、紅肉魚、鮭魚	
	虛弱的時候	健康的時候	虛弱的時候	健康的時候	虛弱的時候	健康的時候	虛弱的時候	健康的時候
2kg	39～51g	63g	42～54g	67g	18～37g	23g	35～45g	56g
5kg	78～100g	126g	83～106g	133g	73～94g	117g	70～89g	111g
7kg	101～129g	162g	107～137g	171g	94～121g	151g	90～115g	143g
10kg	132～169g	211g	140～179g	224g	123～158g	197g	117～150g	187g
15kg	179～229g	286g	190～243g	303g	167～214g	267g	159～203g	254g
20kg	222～284g	355g	235～301g	376g	207～265g	332g	197～252g	315g
30kg	301～385g	481g	319～408g	510g	281～360g	450g	267～342g	427g
40kg	373～478g	597g	396～506g	633g	349～446g	558g	331～424g	530g

＋

水分（→P.26）

罹癌的時候，
不要吃碳水化合物？

癌症和醣類之間的關係，雖然有諸多說法，但一般而言，癌細胞比較喜歡單醣類。無論如何，因為狗狗不擅長消化碳水化合物，為了不要浪費能量，所以一般認為少吃比較好。

自製毛孩鮮食的基本觀念2

配合身體狀況或症狀的食材選擇和製作步驟

食材選擇的順序

1.選肉類、魚

首先是選做為主食的蛋白質。請以肉為首選，一週中有 4 ～ 6 餐替換成魚料理，依照愛犬身體狀況或症狀來變換吧。建議一餐一種。也請參考第 2 章 P.96-99 及附錄。

肉

or

魚

2.選蔬菜

接著，以當令的食材為首選，選擇蔬菜或菇類、海藻。本書食譜中，有提供狗狗大約吃最小限度的品項和分量，所以請根據毛孩的狀況增加或補足。

當令的蔬菜

>> 一餐 1 樣的程度

在當令的蔬菜中，含有在該季節必須補充的有效成分。但現在賣場也有世界各地來的蔬果，不一定都是當令的，因此要先確定時節蔬菜再購買。

保養用的蔬菜

>> 一餐 1 ～ 3 樣的程度

參考第 1 章，選擇可以提高免疫力、抗氧化作用、排毒、促進血液循環等的蔬菜。尤其是當令食材就更好了。

菇類

>> 一餐 1 樣的程度

對罹癌狗狗很好的營養素，例如：膳食纖維或 β 葡聚糖等，在菇類裡很豐富。可事先曬乾後再冷凍保存備用，隨時都可使用。

海藻

>> 一餐 1 樣的程度

積極攝取膳食纖維或礦物質很多，對免疫力也有幫助等機能性的食材。

3.適時添加的配料

油或調味料、辛香料、超級食物等，以在 P.68-71 中匯整介紹的食材為主，選擇可以稍微加一點點的配料。也請試試看營養補充品（P.100）。

為了罹患癌症的狗狗的食材選擇，是以①提高免疫力的食材、②促進血液循環的食材、③抗氧化食材、④排毒食材的這 **4** 大類型，都能積極攝取是最大的重點。請記住這個重點，來選擇肉、魚、蔬菜、再加一點點的配料吧（參照 **P.68**）。

食材選好了之後，作法就相當簡單了。在排毒湯（參照 **P.40**）或水裡，按照不容易熟或較耐煮的順序放入食材來煮熟即可。第 **2** 章的食譜，也以極簡單的方式，把作法做成用圖解就可看懂。因為用一個鍋子，花大約 **10** 分鐘就能完成，所以請輕鬆去嘗試。

基本的作法步驟

1 排毒湯放入鍋中煮到沸騰

把 P.40 的排毒湯，或是一般水放進鍋子裡，開火，煮到沸騰。以 P.26 的 1 天必要飲水量的 1/3 的程度為基準。

2 在等湯煮滾的時候切食材

在等湯煮滾的時候，切配合愛犬身體狀況的食材。基本上，肉或魚切成一大口，蔬菜或菇類、海藻切細碎。

3 按不容易煮熟的順序下鍋

湯煮滾之後，把肉、魚、較硬的蔬菜、較軟的蔬菜，按照這樣不容易煮熟的順序放入鍋中煮熟。根莖類就直接磨泥放入鍋裡。

4 煮熟後移到狗碗中

食材煮熟後，關火，把鍋裡的鮮食倒入狗碗中。因為湯汁裡也溶入了營養素，所以不要丟掉，一起倒入狗碗中。

5 一邊弄成小塊一邊放涼

等鮮食放涼，若是急著要吃，可以使用保冷劑等讓鮮食加入變涼。在等鮮食變涼的時候，也建議用洗淨的手把食材弄成小塊。

6 最後加配料

等不燙之後，可以把含有不耐熱的營養素食材放上去。用手整個拌一拌，就完成了。因應需要，可用食物調理機等把鮮食弄得更細碎再餵。

FINISH!

自製毛孩鮮食的基本觀念3

自製鮮食的基本守則和狗狗不能吃的危險食材

很重要的事喲！

自製狗狗鮮食的6大基本守則

1 食材要輪流替換使用

不管是怎樣好的食材或飼料，輪流替換使用是很重要的，要適量才能發揮效果效能，過多就會變成毒。營養補充品也要設定休息不吃的日子。乾飼料也要注意要輪流替換。

2 儘可能選當地的食材

因食材經過長途運送或保冷，容易損耗的營養素，儘量選在產地直銷的魚或蔬菜，可保有較豐富的營養含量。能量滿滿、營養價值高的食材，也能為罹患癌症的狗狗帶來活力。

當地產

3 儘可能選低農藥或有機

當不小心吃進去的農藥，會給負責解毒工作的肝臟造成負擔，因此請選擇農藥較少或有機產品，若不是有機產品，則要用小蘇打或醋浸泡等，仔細地清洗。

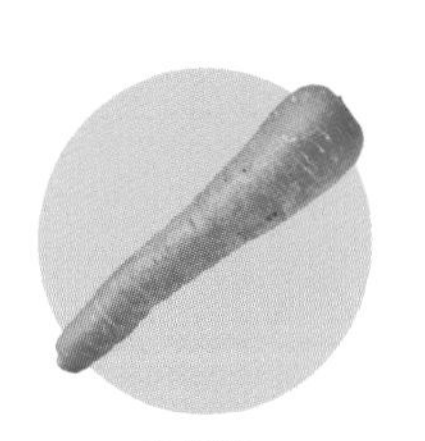

有機的

4 用手拌一拌，讓營養UP！

對狗狗而言用洗淨的手拌食，是注入飼主「變好吃，變健康」的心意，不管是乾飼料或是親手做的鮮食，請用手稍微拌一下再餵。

5 飲食的次數要減少

為了給腸子休息的時間，得了癌症後，比起一日三餐，用餐次數要改為一天 1 ～ 2 次。點心也要先定好時間，餵寒天或磨成泥的水果、優格等，這些消化時間快又沒負擔的東西即可。

6 沒有食欲的時候要減量

沒有食欲的時候，早上用烤肉鮮食，兩餐之間可餵蔬菜汁或優格等，晚上肉和蔬菜 1 ～ 2 樣＋再加一點點的配料，像這樣子，儘量簡單。吃不下的時候，加點味道調味也可以，因為愛犬肯吃東西才能維持體力。

從口中吃進去的食物全都要在體內被處理，變成營養，或是做為機能的支援，也可能成為負擔，或是傷害細胞等，帶來或好或壞的影響。當然，並不是只用飲食就能防止癌症的惡化或轉移，但是不管是長了癌的身體，還是正和癌症奮戰的身體，全都是由生活習慣或每天吃的飯所造成，這一點是無庸置疑的。請用每天的膳食來建造一個讓癌症住得不舒服的環境。

另外，身體衰弱的時候，更要注意，可能會造成中毒的危險食材。

需要特別注意的食材！

十字花科的蔬菜 >> 有甲狀腺疾病的狗狗不能吃

因為含有名為甲狀腺腫素的成分會阻礙碘的吸收，所以請不要餵食患有甲狀腺疾病的狗狗。

茄科的蔬菜 >> 煮熟後再餵

即使是健康的狗狗也請煮熟後再餵。對於有關節疾病的狗狗，可能會增加疼痛，所以要少吃。

內臟類 >> 注意不要給過量

攝取過多維生素 A，會給肝臟帶來負擔。一週吃 1 ～ 2 餐的話，每一餐最多占肉類含量的 30%，如果是每天餵，每一餐食用最多到體重的 0.1%。

穀類 >> 如果要餵請少量

特別是癌症狗狗要少吃。此外，餵食的時候要和肉類或魚分開時間餵，要煮久一點或弄成糊狀，避免帶給腸胃消化產生負擔。

大豆類 >> 建議要煮熟

除了發酵的東西以外，生的大豆類、豆漿、豆渣、豆腐有可能會附著在腸黏膜上，阻礙腸子的蠕動。腸胃不好的狗狗，請煮熟再餵食。

蛋 >> 蛋白一定要煮熟

生蛋白中所含的卵白素，因為會妨礙必需維生素的生物素吸收，所以一定要煮熟。

會引起中毒的危險食材

百合科蔥屬

名為「二烯丙基二硫」的成分會破壞紅血球，引起貧血的可能性很高，例如洋蔥、韭蔥等，然而可以餵食極少量大蒜。

葡萄、葡萄乾

有可能引起急性腎衰竭的水果。會出現食欲低下、活力消失、嘔吐拉肚子、腹痛、尿量減少、脫水等的症狀。

沒有成熟的櫻桃、青梅和種子

沒有成熟的櫻桃或青梅種子或皮的部分，含有對狗狗有害的氰化物。在梅雨的時期，必須十分注意小心狗狗會誤食掉落在路上的青梅。

巧克力

含有咖啡鹼的成分，會在 1 ～ 4 個小時引起嘔吐拉肚子、興奮、多尿、痙攣等的症狀。中毒量為每 1kg 體重 100mg。

木糖醇

胰島素會被分泌過多而急速引起低血糖。中毒量為每 1kg 體重 10mg 的分量。症狀為拉肚子嘔吐、活力消失、發抖等。

column

預防食材氧化的保存方法！

	肉類、魚 	蔬菜、水果 
冷藏	肉類會因為表面接觸到空氣開始氧化，所以儘可能整塊直接用保鮮膜包好，放入密封袋中。在10℃以下（可能的話請以0～5℃）保存。因為家庭用的冰箱開開關關的頻率也很高，冷藏庫的溫度會不穩定，所以建議放在低溫保鮮室保存。 期限 牛肉、豬肉、小羔羊肉：2～3天／雞肉、絞肉、內臟：1天	基本上切了之後要立刻料理。 ● 馬鈴薯、地瓜、茄子，切了之後要立刻泡水避免氧化。 ● 蓮藕、牛蒡、山藥，切了之後立刻放進醋水中浸泡15分鐘左右。磨泥後的食材若不馬上使用，要先稍微拌一點檸檬汁或醋。 ● 菠菜、小松菜、埃及國王菜等的葉菜或青花菜，要先用極少量的鹽水汆燙。 ● 水果的斷面先撒上檸檬汁。 期限 基本上是1天
冷凍	因為每次使用時要解凍，所以要少量分裝，用保鮮膜緊緊包好，放入密封袋中。用-15℃以下（可能的話請以-18℃）保存。如果有營業用的溫度管理冷凍，保存期限通常可以到2年，但如果是家庭用的冷凍冰箱，因為冷凍庫的溫度不穩定，接觸到空氣後脂肪的氧化就很容易加速，所以要盡快使用。 期限 以1個月為基準	● 高湯可倒入製冰盒中用蓋子蓋好或保鮮膜包好，再用鋁箔紙包起來。 ● 菠菜、小松菜、埃及國王菜等的葉菜或青花菜，先煮過，再分成容易使用的小分量，用保鮮膜緊緊包好，再用鋁箔紙包起來。 ● 高麗菜或番茄可直接用保鮮膜緊緊包好，再用鋁箔紙包起來。 ● 胡蘿蔔、蘿蔔、蓮藕、山藥等的根菜類磨成泥，用保鮮膜緊緊包好，再用鋁箔紙包起來。 期限 1個月以內

氧化的脂肪或蛋白質，會在體內產生自由基。因此多吃抗氧化食材雖然也很重要，但同時也請用心留意如何給予沒有氧化的飲食。特別是對於得到癌症的身體，希望能把因氧化而造成細胞的損害降到最低。

最近也有很多所謂前置作業或常備菜的食譜，但是請儘量避免生的蔬菜直接做成前置備用的菜。若早上很忙碌時，可以在前一天晚上備好兩餐分量的前置作業，請儘可能下點工夫去製作。

料理好的鮮食	乾飼料
因為放在冰箱裡會有各種的菌孳生，所以不管是肉的鮮食或是魚的鮮食，都要保存在密封的容器中。 期限 24小時以內	乾飼料也要保存在冷凍庫！
分成一餐的分量，裝入可冷凍的密封容器中保存。 期限 以1個月以內為基準	分成一餐的分量裝入密封袋中，放在冷凍庫保存。 期限 以各廠牌的保存期限為準

聞起來好好吃

天然的狗糧更要注意！
乾飼料要以冷凍保存

說到乾飼料中的抗氧化劑，以前是使用「乙氧基」喹因或BHA等致癌性高的成分。然而在最近的天然狗糧，使用對肝臟負擔少的維生素E或迷迭香萃取物的添加物產品。但是，這些的抗氧化力非常低，開封後1個月，脂肪就已經氧化的可能性很高。因此建議分成小包裝放冷凍庫保存。

「娜嘉身體裡長的癌也是娜嘉」以身體的一部分共存下去的4年

上圖：接受了好幾種的辛苦治療，到臨終前都很努力的漢娜。左：在福島核災區被保護的 Kobo。在知道長了淋巴瘤後，只用安寧照護。左下：死亡前 3 週時的娜嘉。

截至目前為止，我家得過癌症的狗狗有 **3** 隻。**10** 年前死掉的漢娜是惡性淋巴瘤，**2** 年前的 **Kobo** 也是淋巴瘤。然後，就是在這本書整理到最後的階段，我照護著得到肝癌一直到臨終的娜嘉，牠們教了我很多事。

第一隻漢娜被診斷為癌症的時候，我還不懂照護到底是怎麼一回事，不能理解狗狗真正的心情，把我不想和牠告別的執著誤解是為了狗狗好，讓牠接受各種最頂端的醫療，做了超過牠所能負荷的努力。結果，到臨終為止，過著持續和癌症對抗痛苦的日子。

5 年後的某一天，在前一陣子踏上天國之旅的娜嘉 **13** 歲的時候，肝臟長惡性腫瘤。當時主治醫生對我說，「這個孩子雖然罹癌，也是娜嘉。」意思是，即使是在娜嘉身體裡的異物本身，也是娜嘉。醫師要我體會，雖然可以積極治療，但那終究也是身體的一部分，就讓它乖乖待在身體裡吧！當我聽到醫生這樣說總覺得一下就安心了許多，好像心裡變得輕鬆了。不是決定什麼都不做，而是在想該如何接納這個長出來的東西，把重心放在照護到最後這件事。

每一種癌症都有各種的案例，而這樣的想法也不一定對全部的案例通用。但是，結果從 **13** 歲開始的 **4** 年之間，娜嘉一直以貪吃鬼的狀態迎接了 **17** 歲到來。在 **2** 年前被診斷為淋巴癌的 **Kobo**，也悠悠哉哉地度過，**2** 隻都能迎接非常安穩的臨終。雖然生命是無常的，但我卻感覺到牠們卻是無比堅強的。

CHAPTER 2

與癌症共存的營養美味鮮食料理

本書食譜是以月份分類，用當季時令的食材搭配不同月份的身體狀況，設計出適合罹癌的毛孩鮮食食譜。菜單的食材取得和製作方式都很簡單，即使不用詳讀食譜，也能用圖解來看懂的作法。請按照愛犬的身體實際狀況來替換適合食材！

配合四季的身體狀態 選擇適合的當令食材

一年有四季，依季節不同，氣溫和濕度也完全不同。就像植物會因季節改變姿態一般，動物，特別是一整年都被毛覆蓋的狗狗們，也會受到很大的影響。對於每個季節的保養，採用當季盛產的食材是基本，但是了解各個時期的身體狀態，也會更容易做身體狀況管理。

另外，在本書中，雖然也有採用中醫觀點，但是即使是藥膳，四季養生也是重點。請依季節或身體狀況，均衡採用可讓身體冷卻淨化的「寒涼性」；讓身體溫熱促進血液循環的「溫熱性」，以及「平性」的食材。

冬
12～2月左右

促進血流，消除冰冷

因為全身冷冰冰容易引起疼痛，所以若狗狗出現疼痛，就要注意是否身體冰冷。特別是血液循環不佳而引起的關節痛，或是腎臟機能低下，抗病時的身體會造成很大的負擔。請多用可排出多餘水分、溫熱身體的食材。

建議食材

- 利水的食材（紅豆、海藻類等）
- 溫熱身體的食材（南瓜、蕪菁、乾燥薑粉、甜酒等）

春
3～4月左右

加強新陳代謝，排毒

在新芽長出的季節，若能一口氣把冬天滯留在體內的老廢物質排出來，肝臟就能運作得更好。因此要選用可以加強排毒的食物。雖然容易造成軟便的情形，但不是水便，若是在排毒也有可能會發生。

建議食材

- 有苦味的涼性蔬菜（山茼蒿、西洋芹、萵苣、牛蒡等）

梅雨
4～6月左右

去除濕氣，做脾臟的保養

梅雨季長達一個月，濕度也相當高，對於被毛覆蓋的狗狗來說是非常辛苦的季節。這個時期脾臟會因濕氣而容易引起食欲不振、拉肚子或嘔吐。雖然去除濕氣相當難，但也可以用飲食進行保養。

建議食材

- 去除濕氣的食材、排出多餘的水分的食材（玉米、豆芽菜等）

以食物屬性取得平衡的方法

對於罹癌的身體，不讓體溫下降是很重要的，所以要多吃溫熱性的食材。但是，不乾淨的血液流至全身，會導致惡性循環，因此要配合季節或氣溫、身體狀況，採用寒涼性的食材，努力淨化血液。

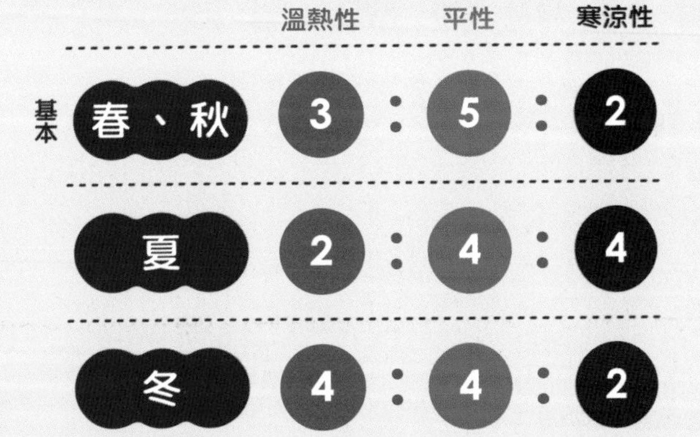

夏
7～9月左右

減輕心臟負擔和冷氣房保暖對策

每天持續超過35℃的夏天，狗狗會經常在冷氣房的室內和熱熱的室外穿梭，持續的冷熱溫差，會讓血管超過正常的收縮，心臟收縮會時強時弱，會給心臟造成最大的負荷，此外，對冷氣房引起的身體冰冷也要注意。

建議食材

- 能讓心臟血流順暢的食材（青皮魚、茶花籽油等）
- 讓血液循環變好的食材（肉桂等）

秋
9～11月左右

因為容易乾燥，注意保濕

脫離夏天的高溫潮濕，迎接令人神清氣爽的秋天。原本充滿濕氣的細胞開始變乾後，氣管的黏膜乾了，就變得咳嗽不止，或是腸的黏膜乾了，就變得不容易排便，或是黏膜免疫低下，變得容易感染。所以要幫狗狗補充水分，以及提供可以潤濕的食材。

建議食材

- 保護黏膜的食材（山藥、芋頭、菇類等）
- 大量的水分

自製鮮食高湯
萬用的排毒湯作法大公開

為了與癌症和平共存，也為了儘量不讓癌症轉移，排出毒素是必須的。為了做鮮食，在煮食材時，雖然用一般水也可以，但希望愛犬能保持健康活力，大家可以自製排毒湯，讓狗狗吸收到更多營養。

材料 水…1000cc

昆布絲（無鹽）…約 1g

含有比牛奶多 23 倍礦物質是鹼性食品的代表。富有水溶性纖維有助消化整腸。其中色素藻褐素的抗氧化和抗腫瘤作用備受期待，或是可以讓酵素提高代謝的鎂也很豐富。

小魚乾…約 10 隻

含有可以讓心情穩定的鈣或讓血液乾淨清澈的 DHA、防止血管的老化的 EPA、預防貧血的維生素 B_{12}。

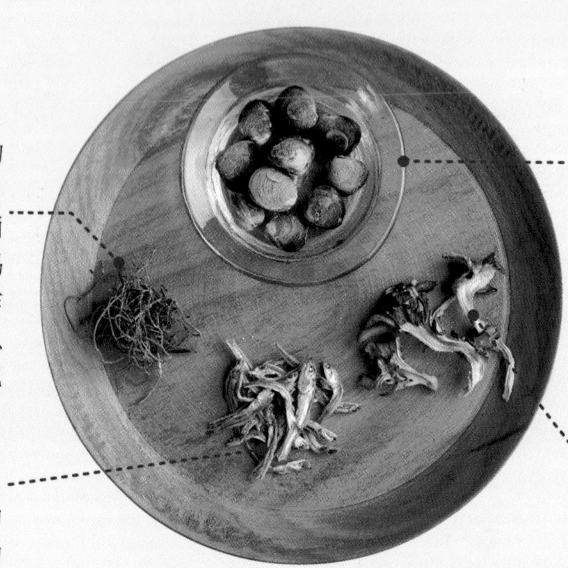

蜆…10 ～ 12 粒

是提高肝機能的代表食材，因為可調整胃腸，所以有人說「夏天盛產的蜆是胃腸藥」。富含鳥胺酸、蛋胺酸、牛磺酸，這 3 個促進解毒的最強組合，是肝臟的好幫手。預防貧血的維生素 B_{12} 也很豐富。

舞菇…3 ～ 4 小朵

菇類之中，即使加熱也會保留營養素，即使曬乾保存，營養素還能高達 5 ～ 6 倍！舞菇特殊成分 MD Fraction（舞茸）可提高免疫力，讓癌細胞失去活力，也有促進利尿、提高新陳代謝、讓腸活化等作用。

作法

1. 舞菇撕成小朵，分散在竹篩上，在天氣好的日子曬2～3天，讓舞菇乾燥。
2. 把曬乾的舞菇和小魚乾、昆布絲一起放進平底鍋不加油乾炒。
3. 放入食物調理機打成粉末。
4. 水和蜆放入鍋中開火，煮到沸騰蜆開了之後，再滾 1 ～ 2 分鐘，把蜆連殼取出（留下 2 ～ 3 塊肉也 OK）。
5. 在鍋中加入打好的粉末，再沸騰 5 分鐘左右就完成了。

可冷凍儲存備用，加入食材變化湯頭

以下介紹排毒湯的變化版，可和當令的蔬菜或喜歡的肉、魚一起煮，就能增添風味！建議分裝冷凍儲存備用，在沒食慾的時候加一點，相當便利。

剩餘蔬菜

把多餘的蔬菜或削下來的皮等剩餘的蔬菜，外皮等要仔細洗乾淨。（除了狗狗不能吃的蔥類等以外），用排毒湯或水煮滾後，連同湯汁一起用食物調理機打碎，倒進製冰盒。

雞骨架

在市場買到的雞骨架要預先處理，把附著在骨頭上的內臟或污血用流動的水沖洗掉後，用排毒湯或水煮滾後，再用篩網過濾，倒進製冰盒中冷凍保存。

魚骨

利用魚肉片下來後剩下的魚頭或魚骨、下巴、尾巴，或是買市售的魚骨頭。把內臟或污血用流動的水仔細沖洗掉，用排毒湯或水煮滾，再用篩網過濾。肉可活用在鮮食中。

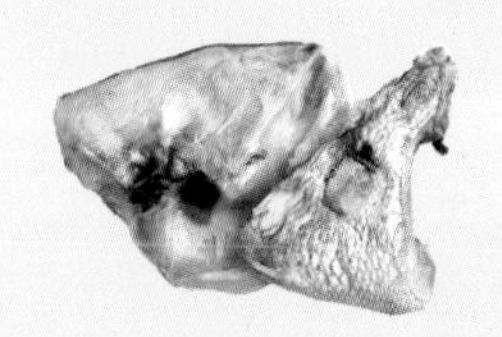

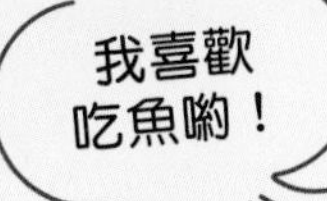

用製冰盒結成冰後冷凍保存

放涼之後，就倒入製冰盒放進冷凍庫，等結冰後，可以用密封容器或密封袋等來保存。排毒湯或剩餘蔬菜湯，可以放 3 個禮拜，魚骨頭或雞骨架的湯，約為 2 個禮拜左右，請盡快使用完畢。

1月 快樂荷爾蒙多多的食譜 1

甜菜根×牛肉
紅色威力鮮食餐

有快樂荷爾蒙之稱的「血清素」是由必須色胺酸和維生素 B_6 所合成的，牛肉和甜菜根都富含色胺酸及維生素 B_6，可以穩定情緒和自律神經！

※ 超小＝超小型犬（2 kg）、小＝小型犬（5 kg）、中＝中型犬（15 kg）、大＝大型犬（25 kg）

材料

（體重約 7kg、1 天 2 餐，1 餐分的基準）

- ★排毒湯（參照 P.40）…250ml
- ●牛瘦絞肉…60g
- ●甜菜根…15g（約 1/20 個）
- ●小松菜…25g（約 2 ～ 3 片）
- ●和布蕪海藻…1 小匙
- ●啤酒酵母…3 小匙

〈牛瘦絞肉〉

超小 24g、小 48g、中 110g、大 160g

〈啤酒酵母〉

超小 1/2 小匙、小 1 小匙
中 2 小匙、大 3 小匙

〈和布蕪〉（海帶的根部）

超小 1/2 小匙、小 1 小匙
中 2 小匙、大 3 小匙

當令食材POINT

甜菜根

有助在體內合成「一氧化氮」改善血液循環

因為可幫助血管擴張物質「一氧化氮（NO）」的產生，有助於改善血液循環，因此也被稱為「吃的輸血」的超級食物甜菜根。紅色的色素擁有很強的抗氧化作用。含有大量可預防或抑制癌症的成分！

作法

牛瘦絞肉搓成小丸子狀。甜菜根連皮一起磨成泥。將小松菜切細碎。

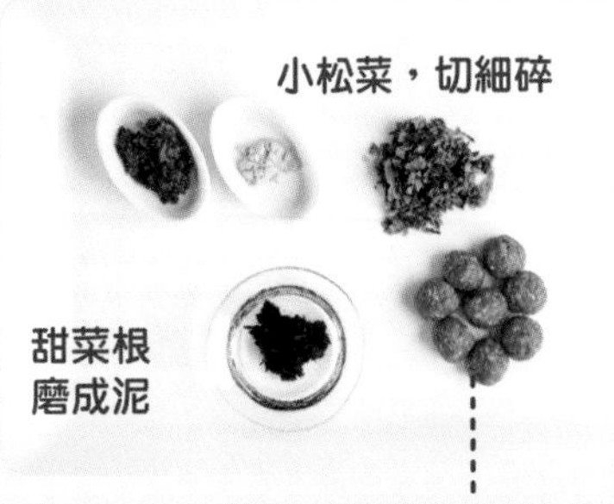

2

排毒湯倒入鍋中煮到沸騰，把 1 的牛肉丸子、甜菜根放進去，一邊撈掉浮沫一邊煮 4 分鐘左右。

3

把❶的小松菜和啤酒酵母加進去，再煮 3 分鐘左右後，關火。

4

放涼之後，盛到狗碗裡，加上和布蕪，用手拌一拌就完成了。

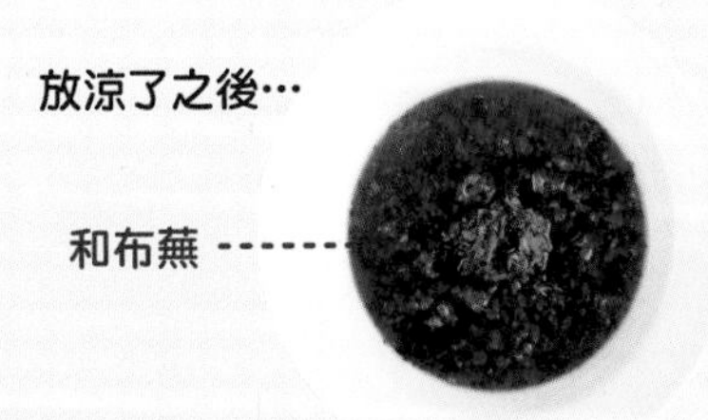

1月 快樂荷爾蒙多多的食譜 2

土魠魚X蕪菁 血清素滿滿的鮮食餐

色胺酸很豐富的土魠魚，和維生素 B_6 很豐富的蕪菁組合，
搭配抗氧化很強的芽菜，完成一道營養滿分的美味鮮食。

※ 超小＝超小型犬（2 kg）、小＝小型犬（5 kg）、中＝中型犬（15 kg）、大＝大型犬（25 kg）

材料

（體重約 7kg、1 天 2 餐，1 餐分的基準）

- ★排毒湯（參照 P.40）…250ml
- ●土魠魚…60g
- ●蕪菁…25g（約 1/4 個）
- ●蕪菁葉…10g（約 2 根）
- ●牛蒡…8g（約 2cm）
- ●舞菇…10g（約 1/10 包）
- ●高麗菜芽…2g（約 20 根）
- ●柴魚片…2/3 小匙

〈土魠魚〉

超小 24g、小 48g、中 110g
大 160g

〈柴魚片〉

超小 1/3 小匙、小 1/2 小匙
中 1 小匙、大 1 1/2 小匙

當令食材POINT

土魠魚

青皮魚富含色胺酸有效預防癌症

蛋、大豆、乳製品和青皮魚，富含俗稱「快樂荷爾蒙」血清素的合成來源色胺酸，其中土魠魚的含量較多，且擁有預防癌症效果的 EPA，或是有助於正常細胞生成作用的維生素 B_{12} 也很豐富。

作法

1

土魠魚切成容易食用的大小。蕪菁和牛蒡磨成泥。蕪菁葉和舞菇切細碎。

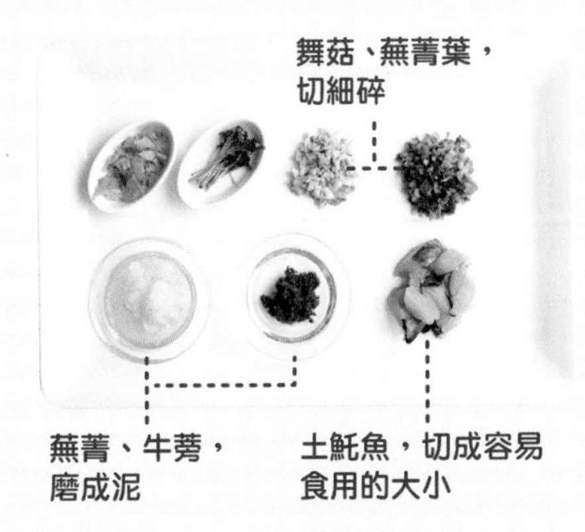

2

排毒湯倒入鍋中煮到沸騰，把❶的土魠魚、蕪菁、牛蒡、舞菇放進去，一邊撈掉浮沫一邊煮約 6 分鐘左右。

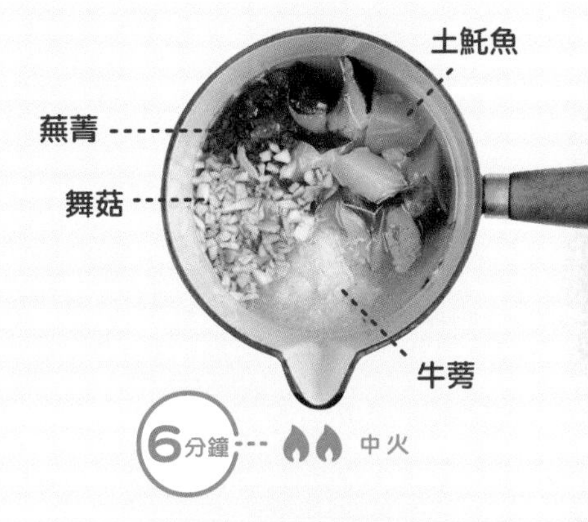

3

把❶的蕪菁葉加進去，再煮 1 分鐘左右後，關火。

4

等不燙之後，盛到狗碗裡，加上柴魚片和高麗菜芽，用手拌一拌就完成了。

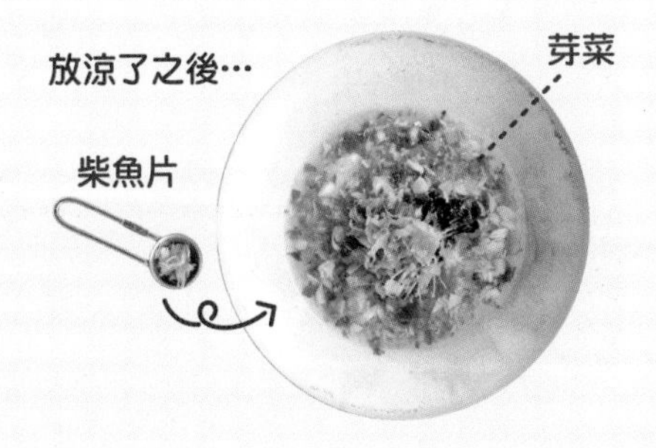

2月 促進血液循環溫熱身體的食譜 1

鹿肉X南瓜
有助提高體溫的鮮食餐

在天氣寒冷的2月，給狗狗的鮮食餐可以多放一些溫熱的食材，例如：含豐富礦物質、有助促進血液循環的鹿肉或鬆軟熱乎乎的南瓜、青紫蘇等。此外，和可以淨化血液的「銅藻」一起食用，讓血流順暢並溫熱身體，為季節更換的時節做好準備！

※ 超小＝超小型犬（2 kg）、小＝小型犬（5 kg）、中＝中型犬（15 kg）、大＝大型犬（25 kg）

材料

（體重約 7kg、1 天 2 餐，1 餐分的基準）

- ★ 排毒湯（參照 P.40）…250ml
- ● 鹿肉（冷凍生食用）…60g
- ● 南瓜…40g（約 3cm 小塊）
- ● 青花菜…20g（約 1 小朵）
- ● 青紫蘇…1 片
- ● 銅藻…1 小匙
- ● 黑芝麻（磨粉）…挖耳勺 7 勺

〈鹿肉〉

超小 24g、小 48g、中 110g
大 160g

〈銅藻〉

超小 1/2 小匙、小 1 小匙
中 2 小匙、大 3 小匙

〈黑芝麻（磨粉）〉

超小 挖耳勺 3 勺、小 挖耳勺 6 勺、
中 挖耳勺 9 勺、大 挖耳勺 12 勺

當令食材POINT

鹿肉

富有鐵、銅礦物質，可溫熱身體促進血循

鹿肉含有豐富的鐵質可提高血流，被認為有預防貧血或高血壓的效果。另外，具有銅礦物質有具於去除自由基。非常推薦用在抗癌治療中的狗狗幫助體力回復。

作法

1. 南瓜、青花菜切成容易食用的大小。青紫蘇切細碎。

2. 排毒湯倒入鍋中煮到沸騰，把❶的南瓜、青花菜放進去，煮 4 分鐘左右。

3. 把鍋子從火源移開，立刻把冷凍的鹿肉加進去解凍。

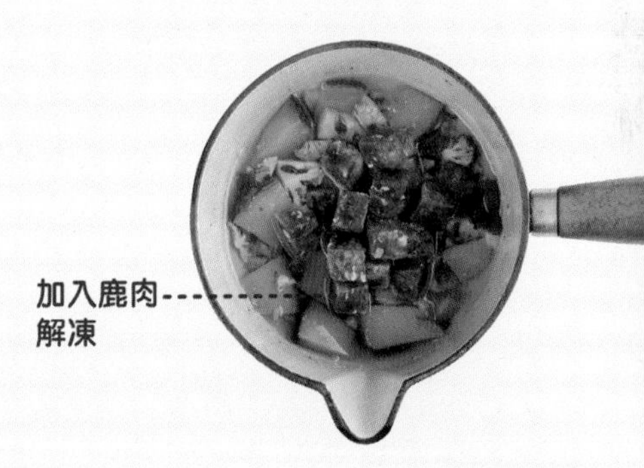

4. 盛到狗碗裡，加上❶的青紫蘇和銅藻、黑芝麻，用手拌一拌就完成了。

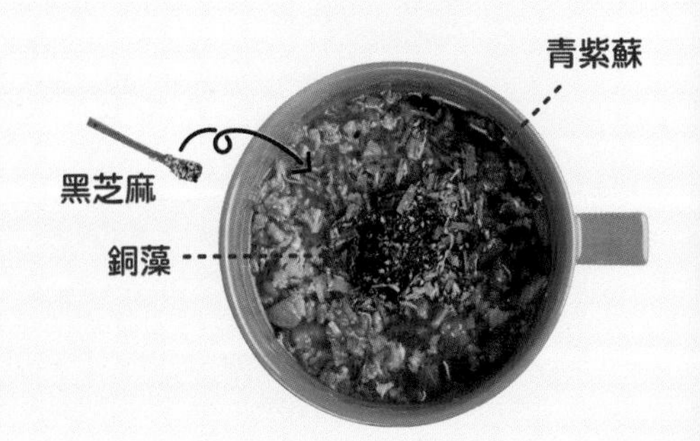

2月 促進血液循環溫熱身體的食譜 2

鮪魚X紫高麗菜 淨化血液的鮮食餐

這道菜富含豐富 EPA 可促進血液循環，能有助淨化血液，富含鐵質或維生素 B_{12} 也能預防貧血。鮪魚中的核酸（參照 P.96）也能讓細胞正常化的效果！

※ 超小＝超小型犬（2 kg）、小＝小型犬（5 kg）、中＝中型犬（15 kg）、大＝大型犬（25 kg）

材料

（體重約 7kg、1 天 2 餐，1 餐分的基準）

- ★ 排毒湯（參照 P.40）…250ml
- ● 鮪魚…60g
- ● 蘿蔔…30g（約 1.5cm）
- ● 紫菊苣…15g（約 1 片）
- ● 鴻喜菇…20g（約 1/5 包）
- ● 芽菜…2g（約 20 根）
- ● 蝦皮…1/2 小匙

〈鮪魚〉

超小 24g、小 48g、中 100g
大 160g

〈蝦皮〉

超小 1/3 小匙、小 1/2 小匙
中 1 小匙、大 1 1/2 小匙

作法

鮪魚切成容易食用的大小。蘿蔔磨成泥。將紫菊苣、鴻喜菇切細碎。

鮪魚，切成容易食用的大小

蘿蔔，磨成泥　紫菊苣、鴻喜菇，切細碎

2

排毒湯倒入鍋中煮到沸騰，把❶的鮪魚、紫菊苣、鴻喜菇放進去，煮 3 分鐘左右。

3分鐘 中火

3

加入❶的蘿蔔，再稍微煮一下之後即可關火。

1 分鐘 中火

4

等不燙之後，盛到狗碗裡，把芽菜加進去，蝦皮一邊用手搓揉一邊加，再用手拌一拌就完成了。

等放涼了之後…

當令食材POINT

紫高麗菜

富含花青素，具有很強的抗氧化力

紫菊苣的紅紫色，是多酚中一種的花青素（參照 P.21）。花青素含有很強的抗氧化力，可抑制自由基生長。

3月 調節肝臟的排毒食譜 1

豬肉X西洋芹
肝臟排毒的鮮食餐

早春是肝臟運作最活躍的時刻，最好在這時將冬天所滯留累積的毒素排出去。請用排毒力高的馬鈴薯或西洋芹，再加上一點點薑黃粉，和維生素豐富的豬肉組合一起烹煮。

※ 超小＝超小型犬（2 kg）、小＝小型犬（5 kg）、中＝中型犬（15 kg）、大＝大型犬（25 kg）

材料

（體重約 7kg、1 天 2 餐，1 餐分的基準）

- ★ 排毒湯（參照 P.40）…250ml
- ● 豬瘦肉…45g
- ● 豬肝…15g
- ● 馬鈴薯…35g（約 1/2 小顆）
- ● 胡蘿蔔…10g（約 1cm）
- ● 西洋芹…15g（約 3cm）
- ● 杏鮑菇…10g（約 1/3 根）
- ● 黑豆（水煮）…2g
- ● 薑黃粉…挖耳勺 1/2 勺

〈豬瘦肉〉

超小 16g、小 33g、中 75g
大 110g

〈豬肝〉

超小 7g、小 14g、中 32g、大 47g

〈薑黃粉〉

超小 挖耳勺 1/3 勺
小 挖耳勺 1/2 勺
中 挖耳勺 1 勺多一點
大 挖耳勺 1 1/2 勺

當令食材POINT

西洋芹

有助鎮靜舒緩、促進血循

西洋芹富含芹菜素和木犀草素，可抑制自由基增生和癌細胞生長。此外，特殊氣味具有鎮靜作用或紓緩壓力、鎮痛作用，對自律神經失調的改善也有效果。

作法

豬瘦肉、豬肝切成容易食用的大小。馬鈴薯、胡蘿蔔磨成泥。西洋芹、杏鮑菇、黑豆切細碎。

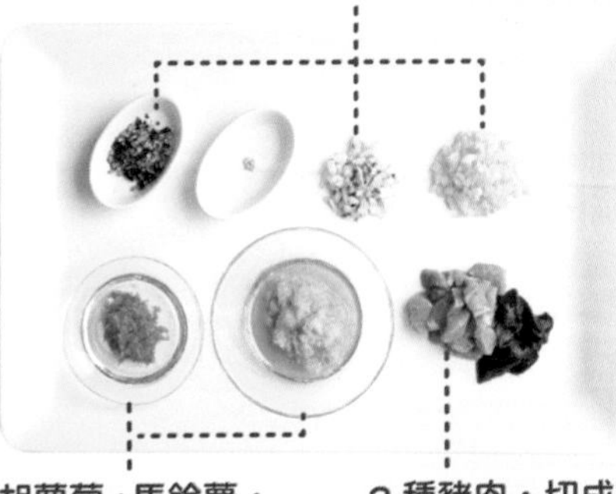

排毒湯倒入鍋中煮到沸騰，把❶的豬瘦肉、豬肝、馬鈴薯、西洋芹的莖、杏鮑菇放進去，一邊撈掉浮沫一邊煮 5 分鐘左右。

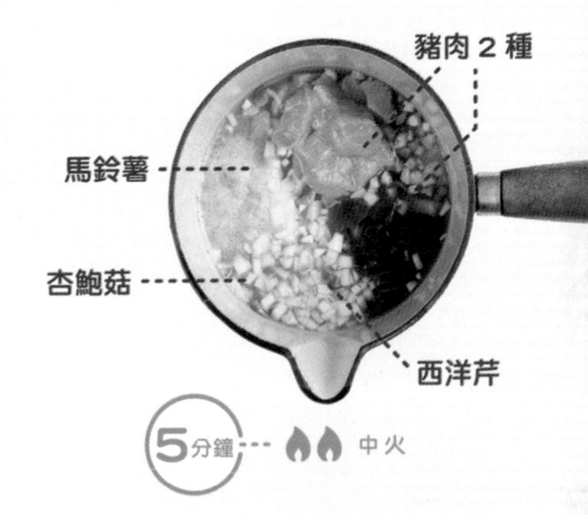

把❶的胡蘿蔔、西洋芹的葉子和黑豆、春薑黃放進去後關火，用餘溫來加熱。

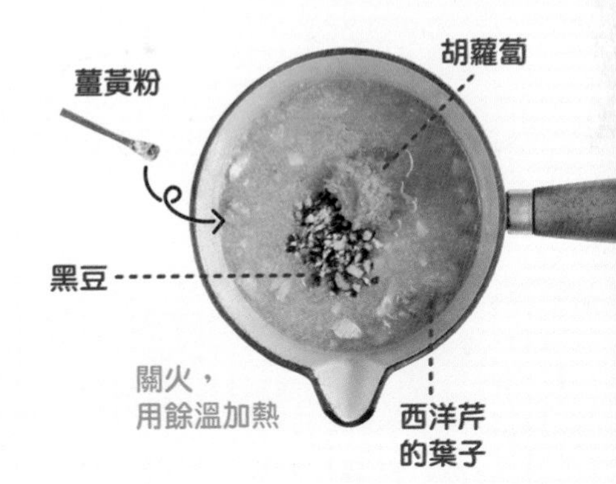

放涼後，盛到狗碗裡，用手拌一拌就完成了。

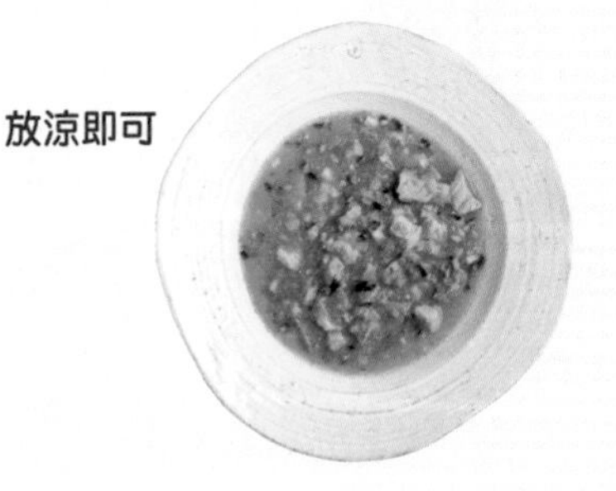

3月 調節肝臟的排毒食譜2

鯛魚X山茼蒿
有助肝臟解毒的鮮食餐

有句話說「春天要吃苦」，春天的山菜或蔬菜有很多苦的東西。這個苦味成分，是植物為了保護自己而產生的生物鹼，可讓肝臟的解毒機能或腎臟的濾過機能改善，幫助排毒！

※ 超小＝超小型犬（2 kg）、小＝小型犬（5 kg）、中＝中型犬（15 kg）、大＝大型犬（25 kg）

材料

（體重約 7kg、1 天 2 餐，1 餐分的基準）

- ★排毒湯（參照 P.40）…250ml
- ●鯛魚（含骨頭）…100g
- ●花椰菜…20g（1 小朵）
- ●山茼蒿…10g（約 1/2 棵）
- ●金針菇…10g（約 1/20 袋）
- ●羊栖菜…5g
- ●純葛粉…1 大匙

〈鯛魚〉

超小 25g、小 50g、中 110g
大 170g

〈洋栖菜〉

超小 2g、小 3g、中 8g、大 10g

〈純葛粉〉

超小 1/2 大匙、小 1 大匙
中 2 大匙、大 2 1/2 大匙

當令食材POINT

羊栖菜

具有藻褐素可去除自由基

黑色羊栖菜是類胡蘿蔔素系色素中一種的「藻褐素」，具有去除自由基的作用，對於預防癌症的效果值得期待。有助於把氧氣運送到各個細胞，提高免疫力不可少的鐵質，含量也很豐富。

作法

鯛魚連骨頭一起切成大塊。花椰菜、山茼蒿、金針菇、羊栖菜切細碎。

※ 若你的狗狗容易形成草酸鈣結石，山茼蒿要先汆燙過。

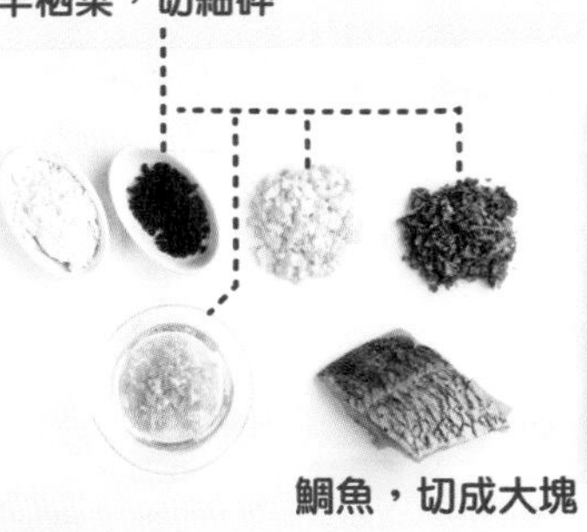

排毒湯倒入鍋中煮到沸騰，把❶的鯛魚、花椰菜、金針菇、羊栖菜放進去，煮 5 分鐘左右。把鯛魚取出來，去掉骨頭。鯛魚的肉放回鍋中，加入山茼蒿，稍微煮滾一下。

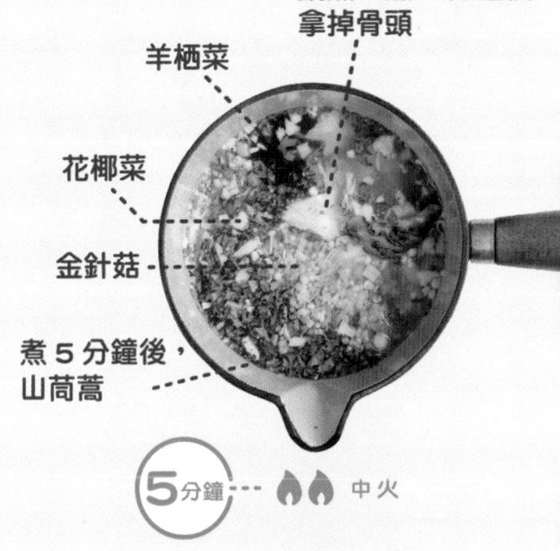

鍋子裡留一點湯汁，其他的盛到狗碗裡。把純葛粉用相同分量的水（材料表外）溶化，倒進煮滾的湯汁中，快速攪拌到凝固。

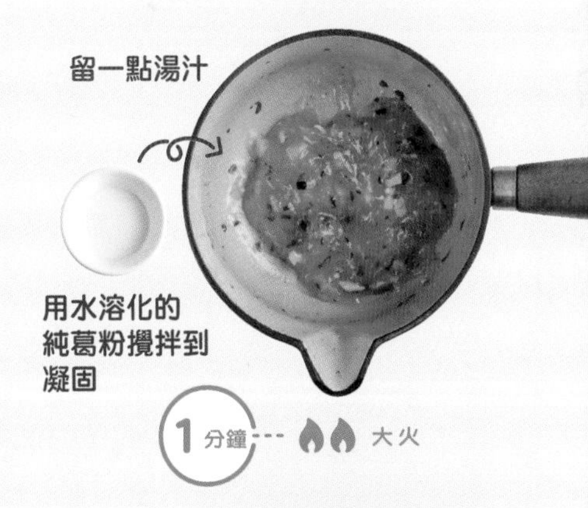

把❸放到狗碗裡，等不燙了後，用手拌一拌就完成了。

4月 調整自律神經的食譜 1

雞蛋X黑米
飽足感滿滿的雜燴粥

偶爾不要吃肉或魚，補充腦部所需的營養－醣類。在醣類中，也有結構複雜的澱粉，被認為不容易成為癌的營養。用抗氧化物的花青素滿滿的黑米和雞蛋，好有飽足感！

※ 超小＝超小型犬（2 kg）、小＝小型犬（5 kg）、中＝中型犬（15 kg）、大＝大型犬（25 kg）

材料

（體重約 7kg、1 天 2 餐，1 餐分的基準）

- ★ 排毒湯（參照 P.40）⋯150ml
- 蛋⋯1 個
- 黑米⋯1/2 杯
- 蘆筍⋯20g（約 1 根）
- 蘑菇⋯10g（約 1 個）
- 鴨兒芹⋯3 根
- 豆漿⋯50ml
- 菊芋粉⋯1/2 小匙
  （台灣尚未正式販售，可由電商平台購得）

〈雞蛋〉

超小 1/2 個、小 1 個、中 1 1/2 個
大 2 個（※ 這個分量一週 2 ～ 3 次為基準）

〈菊芋粉〉

超小 1/6 小匙、小 1/3 小匙
中 1/2 小匙、大 2/3 小匙

當令食材POINT

雞蛋

可安定精神的全營養食物

雞蛋被稱為「全營養食物」，營養價值很高。不只是蛋白質，富含優質的胺基酸可給予身體保護，具有葉酸對細胞再生相當有幫助。此外也含有可讓心情穩定的維生素 B_1，可用來安定神精。

作法

黑米 1/2 杯，倒入等同黑米容量 3/4 的水，浸泡 1 個小時左右。用小火，蓋上蓋子煮 15 分鐘，再燜 15 分鐘左右（使用煮好的飯約 40g，剩下的分成小份，用保鮮膜包好冷凍保存）。蘆筍、蘑菇、鴨兒芹切細碎。

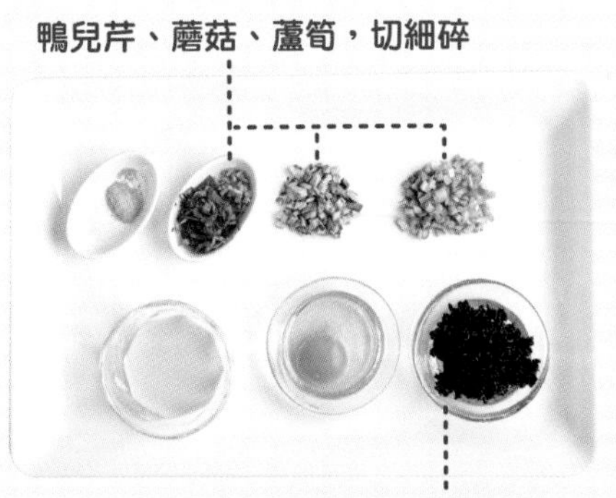

排毒湯倒入鍋中煮到沸騰，把❶的蘆筍、蘑菇和豆漿放進去，煮 3 分鐘左右。

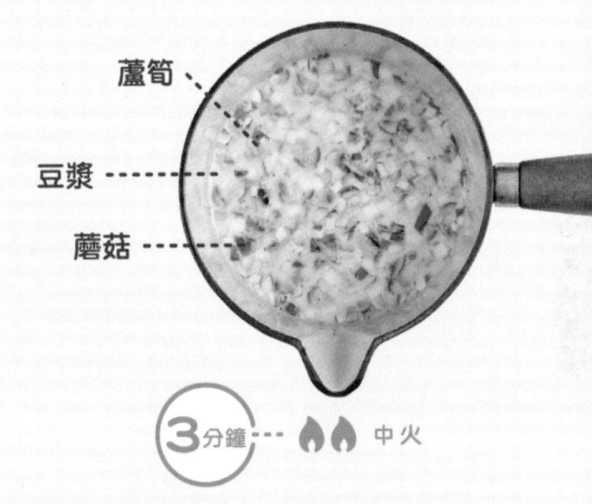

3

把❶的黑米和菊芋粉加進去煮滾，倒入打好的蛋液，煮熟。

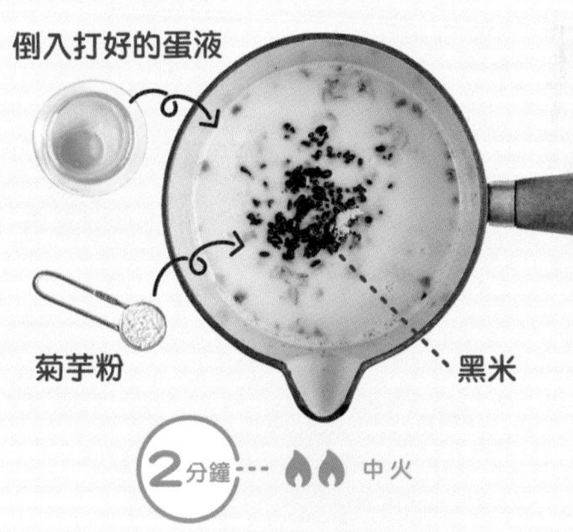

4

加入❶的鴨兒芹，關火。等放涼之後，盛到狗碗裡，用手拌一拌就完成了。

4月 調整自律神經的食譜 2

芽菜X大麻籽
整腸健胃、安定自律神經的鮮食餐

腸道裡面有很多神經細胞，數量僅次於腦，如果腸道蠕動變好，自律神經的平衡也會調整好。這道菜單添加富含維生素 C 的芽菜和膳食纖維很豐富的大麻籽，可有效調整腸內環境和自律神經，讓狗狗更健康。

※ 超小＝超小型犬（2 kg）、小＝小型犬（5 kg）、中＝中型犬（15 kg）、大＝大型犬（25 kg）

材料

（體重約 7kg、1 天 2 餐，1 餐分的基準）

- ★ 排毒湯（參照 P.40）…250ml
- ● 紅金眼鯛…70g
- ● 蠶豆…30g（5 ～ 6 粒）
- ● 香菇…15g（約 1 片）
- ● 胡蘿蔔…10g（約 1cm）
- ● 芽菜…2g（約 20 根）
- ● 大麻籽…1/2 小匙

〈紅金眼鯛〉

(超小) 24g、(小) 48g、(中) 100g
(大) 160g

〈大麻籽〉

(超小) 1/4 小匙、(小) 1/2 小匙
(中) 3/4 小匙、(大) 1 小匙

當令食材POINT

紅金眼鯛

蝦紅素舒緩壓力型的免疫力低下

紅金眼鯛是海魚，分布在日本南島等地。因具有豐富的「蝦紅素」是抗氧化物質之一，能抑制癌症或血栓的形成或是過敏發生。另外，豐富的EPA可改善血液循環，也可期待有癌症的預防效果。

作法

1

把紅金眼鯛片成三片，切成容易食用的大小（注意魚刺）。蠶豆先煮過。香菇切細碎。胡蘿蔔磨成泥。

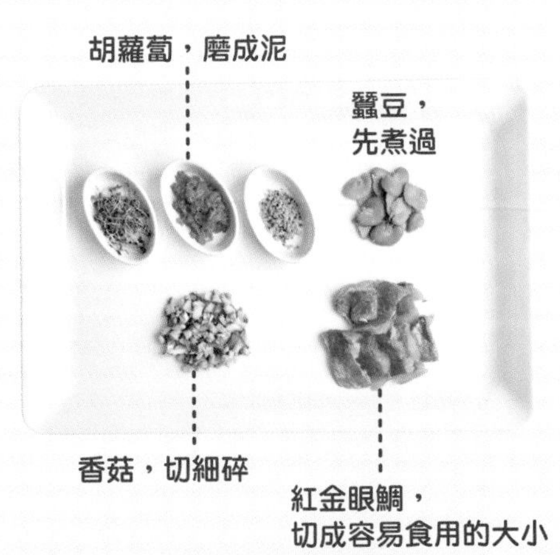

2

排毒湯倒入鍋中煮到沸騰，把❶的紅金眼鯛、香菇放進去稍微煮 2 分鐘左右。

3

關火，把❶的蠶豆、胡蘿蔔加進去，用餘溫加熱。

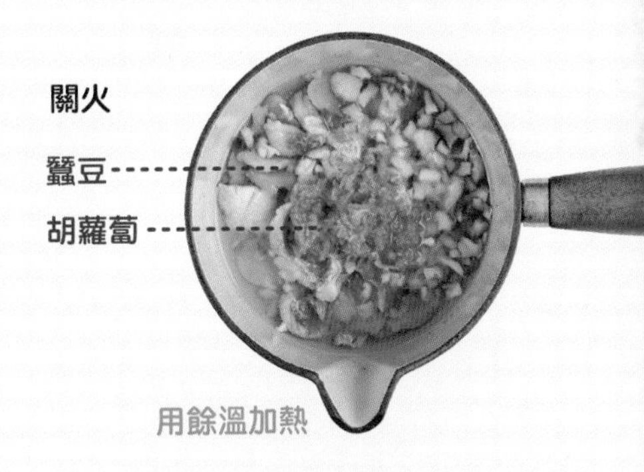

4

放涼之後，盛到狗碗裡，加上芽菜、大麻籽，用手拌一拌就完成了。

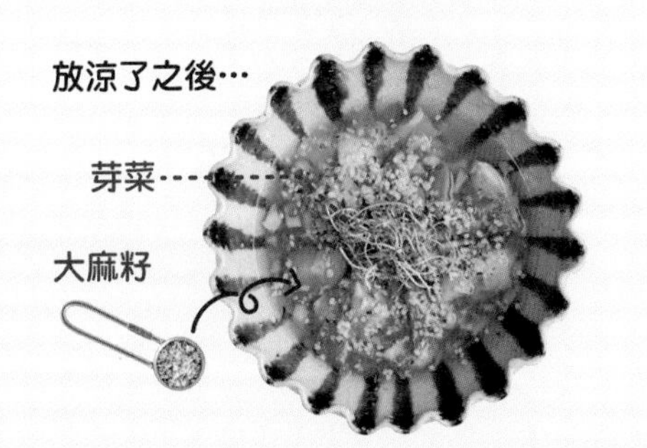

5月 整腸健胃的食譜 1

雞肉X紫高麗菜
貪吃毛孩的腸胃保養鮮食餐

紫高麗菜富含維生素U，對於腸胃黏膜修護非常好。此外，紫高麗菜的紫色花青素具有很強抗氧化力，有助保養貪吃毛孩的胃腸。這道菜也設計將益菌最愛的、整腸食材納豆和蘋果醋一起加進去，增強效果。

※ 超小＝超小型犬（2 kg）、小＝小型犬（5 kg）、中＝中型犬（15 kg）、大＝大型犬（25 kg）

材料

（體重約 7kg、1 天 2 餐，1 餐分的基準）

- ★ 排毒湯（參照 P.40）⋯250ml
- ● 雞胸肉⋯50g
- ● 雞肝⋯20g
- ● 紫高麗菜⋯30g（約 1 片）
- ● 敏豆⋯10g（約 2 根）
- ● 荷蘭芹⋯1g（約 1 朵）
- ● 納豆⋯1 小匙
- ● 蘋果醋⋯1/2 小匙

〈雞胸肉〉

超小 16g、小 33g、中 75g
大 110g

〈雞肝〉

超小 7g、小 14g、中 32g、大 47g
（※ 這個量每週 1 次為基準）

〈納豆〉

超小 1/2 小匙、小 1 小匙
中 2 小匙、大 2 1/2 小匙

〈蘋果醋〉

超小 1/4 小匙、小 1/2 小匙
中 3/4 小匙、大 1 小匙
（※ 這個量每週 1 次為基準）

當令食材POINT

荷蘭芹

具有殺菌效果的
蒎烯可幫助調整胃腸

荷蘭芹含有「蒎烯」成分，殺菌效果很好，可抑制腸內的有害細菌繁殖，改善腹瀉。

作法

1

把雞胸肉、雞肝切成容易食用的大小。紫高麗菜、敏豆、荷蘭芹、納豆切細碎。

2

排毒湯倒入鍋中煮到沸騰，把❶的雞胸肉、雞肝、敏豆、紫高麗菜放進去，一邊撈掉浮沫一邊煮 5 分鐘左右。

3

關火，等放涼之後，把❶的荷蘭芹和蘋果醋加進去，用手拌一拌。最後再放上 1 的納豆就完成了。

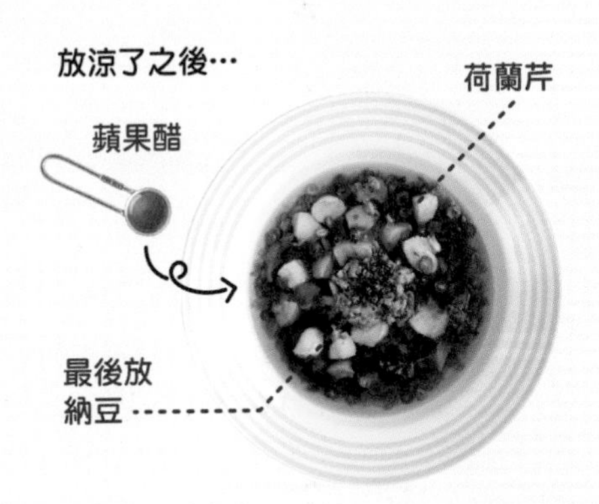

5月 整腸健胃的食譜 2

鰹魚×蘋果

促進新陳代謝的整腸鮮食餐

這道料理加進寵物的「綠唇貽貝」可排出體內老廢物質，並促進新陳代謝。並搭配富有果膠和膳食纖維的蘋果，有助調整腸道的鮮食料理。

※超小＝超小型犬（2 kg）、小＝小型犬（5 kg）、中＝中型犬（15 kg）、大＝大型犬（25 kg）

材料

（體重約 7kg、1 天 2 餐，1 餐分的基準）

★ 排毒湯（參照 P.40）…250ml
● 鰹魚…75g
● 蘋果…35g（約 1/6 顆）
● 番茄…15g（約 1/6 顆）
● 豆苗…5g（約 10 根）
● 綠唇貽貝…2g
● 味噌…挖耳勺 1 勺

〈鰹魚〉

超小 24g、小 48g、中 100g
大 160g

〈綠唇貽貝〉

超小 0.6g、小 1.5g、中 4.5g
大 7.5g

〈味噌〉

超小 挖耳勺 1/2 勺
小 挖耳勺 1 勺
中 挖耳勺 1 1/2 勺
大 挖耳勺 2 勺

當令食材POINT

蘋果

**可去除自由基，
有「遠離醫生」之稱**

在義大利蘋果有「不需要醫生」之稱，具有單寧可排除多餘的自由基。此外，在蘋果皮中，含有很多對可血管產生作用的原花青素，也含關鍵的膳食纖維之一的果膠可以整腸健胃，所以請連皮一起餵食。

作法

鰹魚切成容易食用的大小。蘋果磨成泥。番茄把籽去掉。豆苗切細碎。

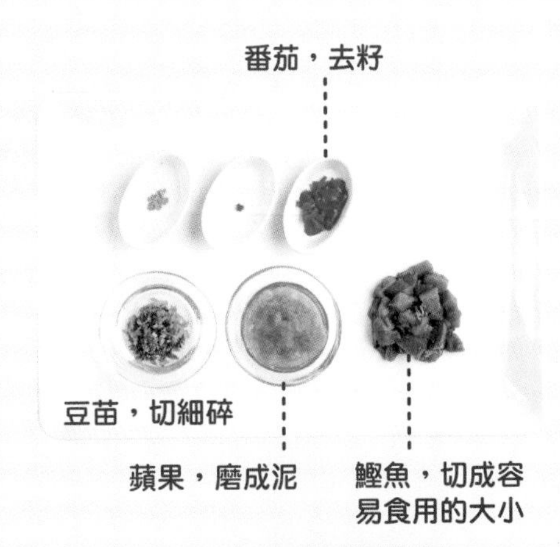

2

排毒湯倒入鍋中煮到沸騰，把❶的鰹魚、蘋果、番茄放進去，一邊撈掉浮沫一邊煮 4 分鐘左右。

※ 鰹魚如果是生魚片用或半敲燒的話，可觀察身體狀況，餵生的也可以。

3

關火，加入❶的豆苗，以餘溫加熱。

4

等不燙之後，盛到狗碗裡，加上味噌、綠唇貽貝，用手拌一拌就完成了。

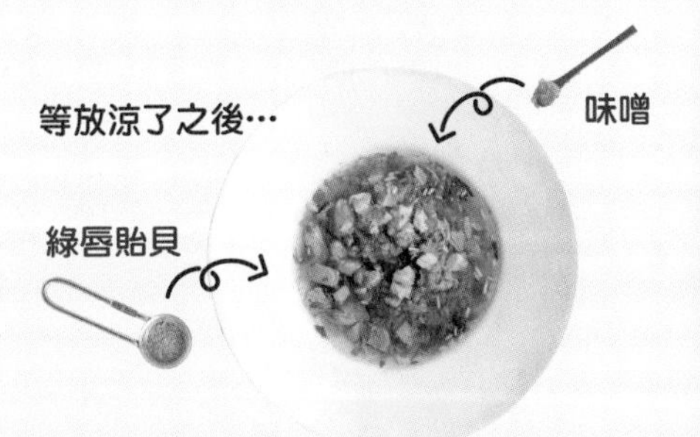

6月 擊退濕氣！維持免疫力食譜 1

豬里肌X豆芽
避免濕氣入侵的鮮食餐

這道料理中的高麗菜芽、小黃瓜及紅豆粉，全都是利尿效果超群的食材可排除體內多餘的濕氣。所以，身體感覺有點乾燥的狗狗請少吃一點。

※超小＝超小型犬（2 kg）、小＝小型犬（5 kg）、中＝中型犬（15 kg）、大＝大型犬（25 kg）

材料

（體重約 7kg、1 天 2 餐，1 餐分的基準）

★ 排毒湯（參照 P.40）…250ml
- 豬小里肌肉…75g
- 黃豆芽…20g（約 20 根）
- 海蘊（水雲）…1 大匙
- 小黃瓜…20g（約 1/5 根）
- 高麗菜芽…2g（約 20 根）
- 紅豆粉…2/3 小匙

〈豬小里肌肉〉

(超小) 26g、(小) 50g、(中) 120g
(大) 170g

〈海蘊〉

(超小) 1 小匙、(小) 2 小匙
(中) 1 1/2 大匙、(大) 2 大匙

〈紅豆粉〉

(超小) 1/4 小匙、(小) 1/2 小匙
(中) 1 小匙、(大) 1 1/4 小匙

當令食材POINT

黃豆芽

有助排出體內濕熱氣
也可以增加膳食分量

因為黃豆芽的利尿效果很好，可排出多餘的水分和熱氣，所以做為梅雨季節濕答答的時期，避免濕氣入侵用很有效的食材。此外，豆芽價格便宜和分量蓬鬆，很推薦用來增加大型犬的鮮食分量。

作法

豬里肌肉切成容易食用的大小。黃豆芽、海蘊切細碎。小黃瓜磨成泥。

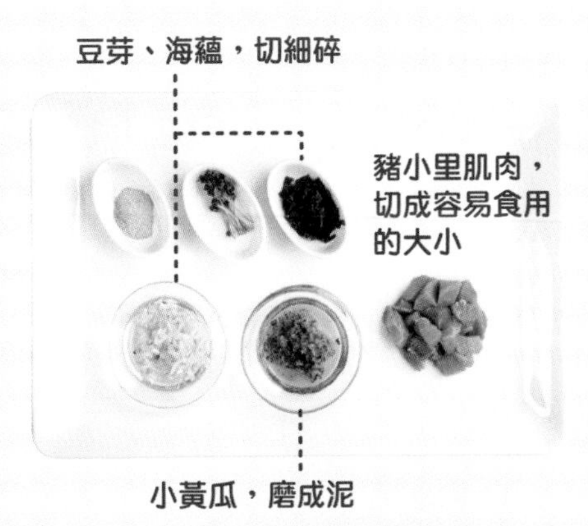

排毒湯倒入鍋中煮到沸騰，把❶的豬小里肌肉放進去，一邊撈掉浮沫一邊煮 4 分鐘左右。

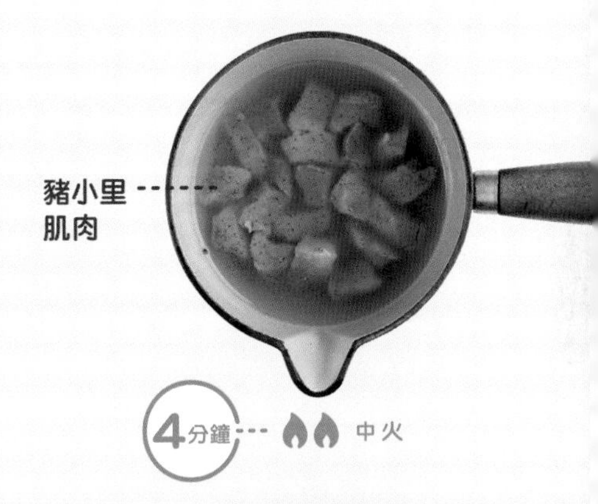

加入❶的黃豆芽、小黃瓜和紅豆粉，稍微再煮一下後關火。

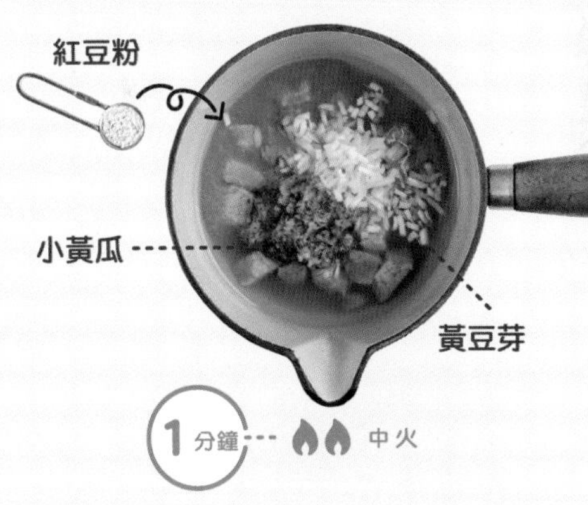

等不燙之後，盛到狗碗裡，加上❶的海蘊、高麗菜芽，用手拌一拌就完成了。

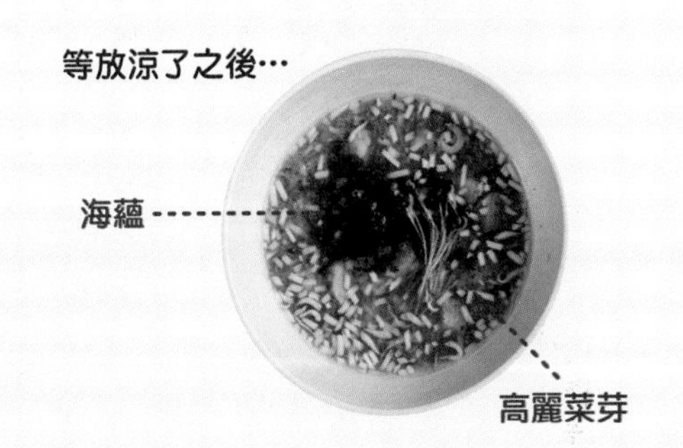

6月 擊退濕氣！維持免疫力食譜 2

竹筴魚x冬瓜
幫助利水的鮮食餐

冬瓜、玉米和玉米鬚中，具有強力的利尿作用。在潮濕夏季來臨前，請替愛犬身體除溼，降低會造成身體冰冷的原因。同時記得補給新鮮的水分喔！

※ 超小＝超小型犬（2 kg）、小＝小型犬（5 kg）、中＝中型犬（15 kg）、大＝大型犬（25 kg）

材料

（體重約 7kg、1 天 2 餐，1 餐分的基準）

- ★排毒高湯（參照 P.40）…250ml
- ●竹筴魚（小竹筴魚也 OK）…80g
- ●冬瓜…30g（約 1/100 條）
- ●木耳…10g（約 1 小片）
- ●玉米筍（連同鬚）…10g（約 1 根）
- ●寒天藻絲…手指抓一把
- ●南瓜籽…4g（約 8 粒）

〈竹筴魚〉

超小 24g、小 48g、中 100g
大 160g

〈南瓜籽〉

超小 2g（約 4 粒）
小 3g（約 6 粒）
中 4g（約 8 粒）、大 5g（約 10 粒）

當令食材POINT

新鮮竹筴魚

有助梅雨季節的腸胃蠕動

因為可以暖胃，有助腸胃蠕動，所以可改善梅雨季節特有的食欲不振或消化不良。另外，青皮魚共通的、含量很多的 EPA 和 DHA，竹筴魚的含量也很豐富。因為竹筴魚是在青皮魚之中脂質較少的，所以在這個季節特別推薦。

作法

1

竹筴魚片成 3 片，和冬瓜一起切成容易食用的大小。木耳、玉米筍（連同鬚）切細碎（特別是木耳因為不易消化，所以要切碎）。南瓜籽乾炒，再用食物調理機磨成細粉末。

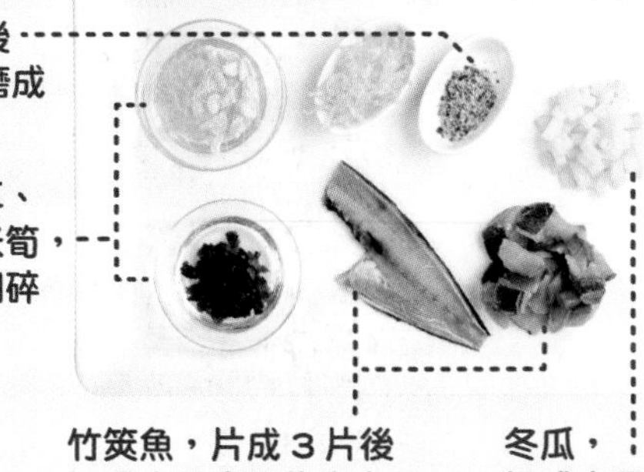

2

排毒湯倒入鍋中煮到沸騰，把❶的竹筴魚和魚骨放進去，一邊撈掉浮沫一邊煮 3 分鐘左右。

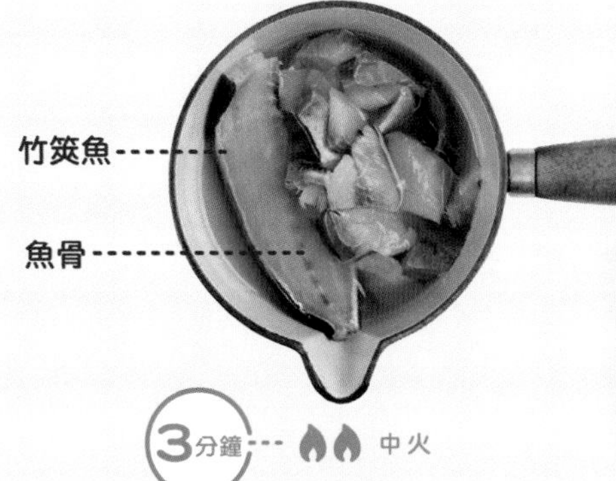

3

加入❶的冬瓜、王米筍、木耳，再煮 3 分鐘左右，把魚骨取出。

4

加入❶的南瓜籽細粉末和寒天藻絲，關火。等不燙之後，盛到狗碗裡，拌勻即可。

抗氧化、排毒、殺菌！一天兩次餵食毛孩的營養點心！

餵食毛孩的營養點心是以優格、蘋果、蜂蜜和檸檬所組成，因含有豐富的營養素可去除多餘的自由基，可以整腸健胃，有助腸道環境保持益菌和壞菌的平衡；此外，這道點心也能幫助罹癌狗狗維持體溫，加強免疫力。

建議利用白天或睡前的幾次點心，以一天餵食 **1 ～ 2** 次，反覆徹底地幫愛犬排毒、整腸、殺菌。雖然不像成藥那樣會急速發揮效力，但不會成為狗狗身上的毒素。

材料

- 無調味優格
  (超小) 1 大匙、(小) 1 1/2 大匙、(中) 2 大匙、(大) 3 大匙
- 蘋果泥
  (超小) 10g（約 1/20 個）、(小) 15g（約 1/12 個）、(中) 20g（約 1/10 個）
  (大) 30g（約 1/6 個）
- 麥盧卡蜂蜜（或是一般蜂蜜）
  (超小) 1/3 小匙、(小) 1/2 小匙、(中) 2 小匙、(大) 2 1/2 小匙
- 檸檬汁
  (超小) 3 ～ 4 滴、(小) 5 ～ 6 滴、(中) 7 ～ 8 滴、(大) 9 ～ 10 滴

作法

1. 蘋果磨成泥，用微波爐加熱 1 分鐘。
2. 把所有的材料攪拌均勻就完成了。

具有排毒功能的4大食材

可抗氧化、整腸健胃！

蘋果

蘋果富含維生素C抗氧化作用很高，且具有豐富的多酚原花青素。因為大多的營養素都在蘋果皮裡，尤其蘋果皮中膳食纖維——果膠，經過加熱會變得更多。所以要選無農藥的，或是用小蘇打仔細洗乾淨，連皮一起餵。

平衡腸道益菌

優格

優格含很多乳酸菌，有些會被胃酸或膽汁酸等殺死，有些可以活著抵達腸道，有報告指出，後者可發揮整腸效果，提高對癌症的抵抗力。建議同種類的優格連續餵幾週。

我每天都
可以吃喔

可抗菌和紓緩壓力

檸檬

富含檸檬酸可加速新陳代謝，此外，維生素C也能去除自由基。因為有很多狗狗對酸味都很遲鈍所以較不會排斥，儘量選有機的國產檸檬。

被稱為「世界最古老的藥」的食材

蜂蜜

被稱為是世界最古老的藥，擁有廣泛效能的蜂蜜。從紐西蘭原生的麥盧卡茶花樹所開的花蜜製成的麥盧卡蜂蜜，擁有特別優質的藥效，據了解其殺菌成分只會殺死壞菌。

最後只要再加一點點！提高免疫力的便利配料

不管是親手做的也好，或是乾飼料也好，在鮮食餐裡添加一點點，我們用來增添風味的食材，不僅能使食物變好吃，同時提高免疫力。因為每個食材各有其特性，所以請配合當令季節或身體狀況，一邊輪流替換，一邊試著採用看看。但是，注意不要給過多。

調味料等一般性的食材

柴魚片

超小 1/3 小匙、小 1/2 小匙
中 1 小匙、大 1 1/2 小匙

柴魚中纖維糖酸可活化細胞，促進新陳代謝。縮氨酸可除去妨礙能量生產的氫離子，提高能量。

（這個時候很推薦！）

當狗狗食欲不佳時可以提振胃口。因為含有鹽分，所以在感覺有點疲倦的時候，或是想讓愛犬大口喝很多水的時候很推薦。

黑芝麻（粉）

超小 挖耳勺 3 勺、小 挖耳杓 6 勺
中 挖耳勺 9 勺、大 挖耳杓 12 勺

含有花青素和芝麻木酚素的抗氧化成分，可幫助抑制活性氧的作用。因為整顆直接吃很難吸收，所以請磨成粉。

（這個時候很推薦！）

當狗狗肝臟機能下降時，或是連續吃很多脂肪食物的時候；或是毛摸起來乾乾的，血液循環不好的時候，可以適量食用但不要給太多。

蝦皮

超小 1/3 小匙、小 1/2 小匙
中 1 小匙、大 1 1/2 小匙

豐富的蝦紅素或維生素 E，可抑制活性氧的發生或氧化，防止皮膚或血管的劣化，幫助提高免疫力。

（這個時候很推薦！）

在食欲不振的時候，香味可增進食欲。因為鈣質很豐富，所以對長期臥床的狗狗或有關節病的狗狗很好。連皮一起弄碎後餵食。

純葛粉

超小 1/2 大匙、小 1 大匙
中 2 大匙、大 2 1/2 大匙

異黃酮可發揮抗氧化作用。類黃酮類或皂苷類，具有淨化作用或以胃腸為首的內臟的強化及體溫提高的效果。

（這個時候很推薦！）

對於無法吞食固體的狗狗，加在湯裡增加黏稠度後，就變得容易吞進去。因為也具有解熱效果，所以感覺快發燒時，也很推薦。

蘋果醋

超小 1/4 小匙、小 1/2 小匙
中 3/4 小匙、大 1 小匙

調整腸內環境的膳食纖維和醋酸，可幫助減少壞菌。再加上，含有很多益菌，藉由刺激腸道，也可消除便秘。

（這個時候很推薦！）

反覆拉肚子或便秘的時候。因為可調整腸內的環境，讓食物效率良好地轉化成能量，所以在吃很少的時候也很推薦。

※ 超小＝超小型犬（2 kg）、小＝小型犬（5 kg）、中＝中型犬（15 kg）、大＝大型犬（25 kg）

紅豆粉

超小 1/3 小匙、小 1/2 小匙
中 1 小匙、大 1 1/2 小匙

多酚和皂苷擁有很強的抗氧化和利尿作用，可排出體內多餘水分，消除水腫，預防冰冷，也可強化腎臟功能。

（這個時候很推薦！）

推薦給經常有水腫、排尿不順暢等，擔心腎臟有問題的狗狗。相反的，經常很乾燥的狗狗、限制鉀的使用的狗狗不可食用。

米麴甜酒

超小 1 小匙、小 2 小匙
中 2 小匙、大 3 小匙

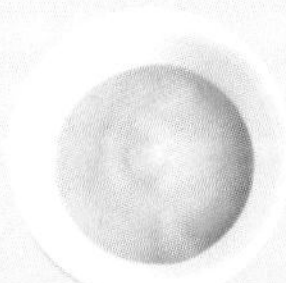

寡糖可強化免疫力。比菲德氏菌可成為益菌的食物，調整腸內環境。做為代謝必要的輔酶而發揮作用的生物素也很豐富。

（這個時候很推薦！）

米麴甜酒的甜味也很強，可以當成點心。對不喜歡攝取水分的狗狗，可以用水稀釋後當成水分補給。也推薦給容易拉肚子的狗狗。

海苔粉

超小 挖耳勺 3 勺、小 挖耳勺 6 勺
中 挖耳勺 9 勺、大 挖耳勺 12 勺

富含維生素 C 可提高抗氧化力。膳食纖維也很豐富，有助腸胃蠕動。牛磺酸可幫助解毒，強化肝臟功能。

（這個時候很推薦！）

推薦給容易拉肚子或便秘的狗狗、經常在用藥的狗狗、擔心肝臟有問題的狗狗。簡單撒上去，能方便調整分量。

乾燥薑粉

超小 挖耳勺 1/2 勺、小 挖耳勺 1 勺
中 挖耳勺 1 1/2 勺、大 挖耳勺 2 勺

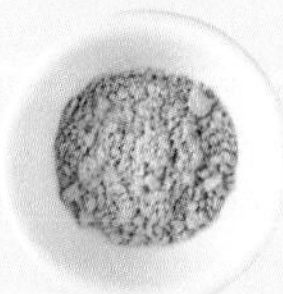

薑辣素可溫熱身體的深處，用薑油來刺激胃腸，改善血液循環。藉由提高體溫，促使免疫力上升。

（這個時候很推薦！）

推薦給經常有水腫、排尿不順暢等，擔心腎臟有問題的狗狗。相反的，經常很乾燥的狗狗、限制鉀的使用的狗狗不可食用。

梅子乾

超小 小指指甲 1/2 的程度、小 小指指甲的程度、中 小指指甲 1 1/2 的程度、大 小指指甲 2 的程度

有助調整酸鹼平衡的鹼性食品。梅木酚素屬多酚類之一擁有很強的抗氧化力，對改善血液循環或消除疲勞等也有幫助。

（這個時候很推薦！）

推薦給容易疲勞的狗狗。有反胃現象、散步時常會去吃草的狗狗、好像有貧血、關節不好的狗狗，可偶爾給少量。

大蒜（磨泥）

超小 挖耳勺 1/2 勺、小 挖耳杓 1 勺
中 挖耳勺 1 1/2 勺、大 挖耳杓 2 勺

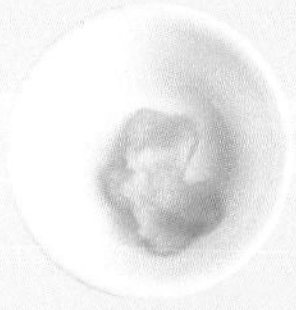

增精素是天然的精力劑。大蒜素的抗癌作用很高，可擴張血管，促進血液循環。也可促進胃液的分泌，調整胃腸的狀況。

（這個時候很推薦！）

雖然具有優秀的抗癌作用，但對於是否該攝取，贊同和反對的兩種論調均有人支持。請間隔一段時間餵極少的量，一邊觀察愛犬的樣子一邊判斷。

蜂蜜

超小 1/4 小匙、小 1/2 小匙
中 3/4 小匙、大 1 小匙

多酚可提高抗氧化力。因為葡萄糖和果糖在體內會在短時間內被吸收，所以可在不造成胃腸負擔的情況下，成為能量來源。

（這個時候很推薦！）

吃不下時，請塗在鼻頭讓狗狗舔。乾咳的狗狗，可以和優格水混合，來補充水分。用殺菌力強的麥盧卡蜂蜜更佳。

白芝麻（粉）

超小 挖耳勺 3 勺、小 挖耳杓 6 勺
中 挖耳勺 9 勺、大 挖耳杓 12 勺

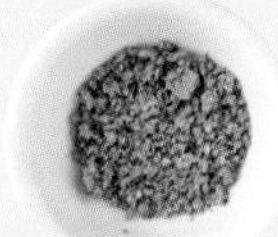

脂質比黑芝麻多，芝麻素很豐富，可防止血管老化。雖然沒有含抗氧化物的花青素，但如果加熱，抗氧化力就會提高。

（這個時候很推薦！）

推薦給感覺皮膚乾燥的狗狗、好像有便秘的狗狗。加熱就會讓抗氧化力上升，所以給熟芝麻比較好。因為脂質很多，所以注意不要給過量。

肉桂（桂皮）

超小 挖耳勺 1/2 勺、小 挖耳杓 1 勺
中 挖耳勺 1 1/2 勺、大 挖耳杓 2 勺

藉由讓製造血管或淋巴管的蛋白質受體 Tie2 活化，可期待有強化微血管的作用。

（這個時候很推薦！）

推薦給腳尖或耳朵經常冰冷的狗狗、拉肚子或食欲不振的狗狗。要和乾燥薑粉分開使用，避免過量，少量的給。出血中的狗狗不可餵食。

強大的免疫食材

啤酒酵母

超小 1/2 小匙、小 1 小匙、
中 2 小匙、大 3 小匙

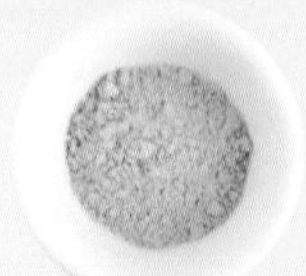

核酸可使細胞有活力，胺基酸可協助胃腸或肝臟。也是經常被使用在乾飼料中，被用在皮膚病上的食材。

(這個時候很推薦！)

推薦給原本皮膚就有疾病的狗狗、肝機能逐漸變差的狗狗、腸不穩定的狗狗。可調整腸內環境，支援免疫力。

春薑黃

超小 挖耳勺 1/3 勺、小 挖耳勺 1/2 勺、
中 挖耳勺 1 勺多一點、
大 挖耳勺 1 1/2 勺

精油成分甘菊藍，對抑制發炎或潰瘍的效果值得期待，薑黃素具有抗氧化＆抗發炎作用。也被用在人的癌症患者上。

(這個時候很推薦！)

擁有很強的免疫活性力，即使癌症末期也有試著採用看看的價值。因為辣味成分也很強，所以請少量慢慢地持續餵食。

菊芋粉

超小 1/6 小匙、小 1/3 小匙、
中 1/2 小匙、大 2/3 小匙

水溶性膳食纖維菊糖，在乾燥的菊芋中特別多，可幫助讓腸內環境重整，讓免疫系統正常化。抗氧化力也很高。

(這個時候很推薦！)

被稱為是天然胰島素，推薦給胰臟數值令人操心的狗狗或是有便秘狀況的狗狗。對於因藥物或活動量的影響而形成便秘的狗狗，也很適合。

大麻籽

超小 1/4 小匙、小 1/2 小匙、
中 3/4 小匙、大 1 小匙

含有全部 20 種的胺基酸的「完美的蛋白質來源」。膳食纖維是地瓜的 7 倍，必須礦物質的鐵、銅、鋅、鎂也很豐富。

(這個時候很推薦！)

對於心臟或血管的疾病預防，可以稍微補充一點。

綠唇貽貝

超小 0.6g、小 1.5g、中 4.5g、
大 7.5g

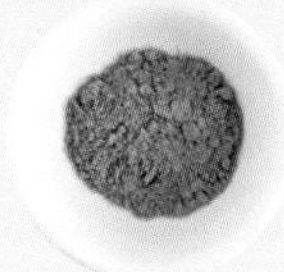

富含強力抗氧化物「超氧化物歧化酶（SOD）」能延緩衰老。玻尿酸和硫酸軟骨素等也很豐富。

(這個時候很推薦！)

是關節潤滑油，可修護軟骨和關節組織，推薦給患有關節疾病又與癌症共存的狗狗。

八角

超小 1/2 個、小 1 個、中 1 個、
大 2 個

八角中的「檸烯」可活絡腸胃，以溫熱效果來促進血液循環。另外，「蒎烯」具有讓心情穩定的作用，也可減緩壓力。

(這個時候很推薦！)

在持續食欲不振的時候，請加入羊奶等。或著，當肚子脹氣又放臭屁的時候、意志消沉時，也很推薦食用。

枸杞

超小 1 粒、小 2 粒、
中 3～4 粒、大 5～6 粒

已被證明可讓吃進身體的抗癌藥毒性減輕，促進改善造血或白血球數。此外，

(這個時候很推薦！)

即使沒有特別的症狀，在日常保健也可以食用。對於滋養強壯、消除疲勞、肝臟、腎臟、肺臟的保養也很推薦。

※ 超小＝超小型犬（2 kg）、小＝小型犬（5 kg）、中＝中型犬（15 kg）、大＝大型犬（25 kg）

朝鮮人蔘（有的話用生的）

超小 10g、小 15g、中 20g、大 30g

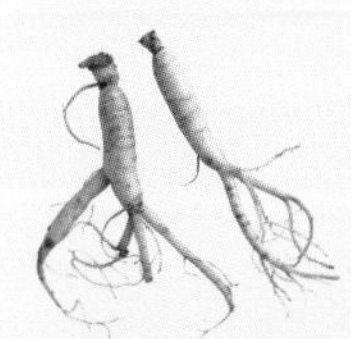

富有抗氧化作用很高的皂苷，可調整荷爾蒙分泌、修復免疫系統。是可以讓身心都得到調整的食材。

（這個時候很推薦！）

也被稱為高麗人蔘。常被使用在病後恢復的調養，或是持續接受治療時，需要增強體力時特別推薦。

辣木粉

超小 1/6 小匙、小 1/3 小匙、中 2/3 小匙、大 1 小匙

擁有超群的營養素和藥用效果，細胞活性化或促進再生、排出毒素、抗過敏作用、強化免疫系統等，備受期待。

（這個時候很推薦！）

可作為鮮食配料或點心，於日常保健食用，能預防癌症。但是懷孕中的母犬不可食用。

藜麥

超小 1/3 小匙、小 1/2 小匙、中 1 1/2 小匙、大 2 小匙～

在穀物之中擁有極高的營養價值，其價值高到被 NASA 指定為太空食品。蛋白質、膳食纖維、鉀、鐵、鎂都很豐富。

（這個時候很推薦！）

針對有慢性貧血的狗狗，對於食量大會容易餓的狗狗，因為藜麥加水後會膨漲，多放入鮮食裡可以能得到飽足感。此外，有豐富的膳食纖維也推薦給容易便秘的狗狗。

南瓜籽（粉末）

超小 2g（約 4 粒）、小 3g（約 6 粒）、中 4g（約 8 粒）、大 5g（約 10 粒）

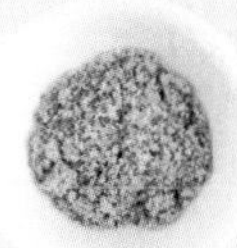

把南瓜籽炒乾後，用磨粉機磨成細粉末。具有「木酚素類」擁有抗氧化作用或抑制發炎的作用，也可以促進血液循環的效果。

（這個時候很推薦！）

推薦給水腫的狗狗、有漏尿症狀的狗狗。乾燥的南瓜籽可用來取代點心，磨成粉末則可撒在乾飼料或膳食上。

茶花籽油

超小 1/4 小匙、小 1/2 小匙、中 3/4 小匙、大 1 小匙

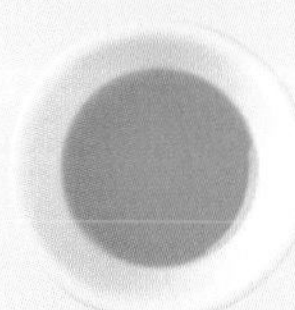

均衡含有 omega-3、6、9 脂肪酸，也有很強的抗氧化或抗熱力。抗血栓、協助肝臟的解毒、抗氧化作用等備受期待。

（這個時候很推薦！）

鼻子乾乾的，或是肉球乾裂，像這種乾燥明顯看得到的時候，皮膚有疾病的時候，發炎指數高的時候，都很推薦。

菊花

超小 1/8 個、小 1/6 個、中 1/3 個、大 1 個

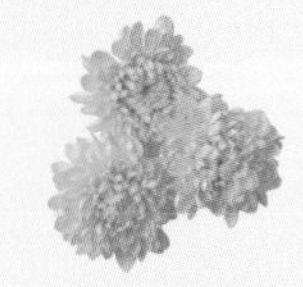

富含「綠原酸」和「異綠原酸」可抑制壞膽固醇的發生，抑制致癌物質。也有抗氧化作用、解毒作用。

（這個時候很推薦！）

推薦給吃很多藥的狗狗、經常喘氣而頭部發熱的狗狗。身體太冰冷的狗狗則不可用。

請先了解狗狗所需要的鹽分

雖然有很多人覺得不可以餵狗狗吃鹽，但對狗狗而言，對於生命維持，鈉＝鹽分也是不可或缺的。雖然魚或肉、海藻中也含有鹽分，但只有這樣是很容易不足的。因為鈉的缺乏會導致心臟機能低下，所以請每個月大約 2 次，給予少量（用岩鹽或味噌等，小型犬是挖耳勺 1 杓，中型犬是 2 勺，大型犬是 3 勺左右）。餵乾飼料的場合，因為已經含有必要的分量，所以沒有必要額外補充。

馬肉X米麴甜酒
消化酵素滿滿的鮮食餐

夏天暑氣或因冷氣房的寒冷，冷熱交替下很容易消耗狗狗體力。因此，這個時節要多吃酵素類的食物，能協助減少消化作用的能量，可以消除疲勞恢復體力。這道鮮食餐中的馬肉或是米麴甜酒，都含有對代謝必要的酵素，對於愛犬消化系統很有幫助！

※ 超小＝超小型犬（2 kg）、小＝小型犬（5 kg）、中＝中型犬（15 kg）、大＝大型犬（25 kg）

材料

（體重約 7kg、1 天 2 餐，1 餐分的基準）

- ★排毒湯（參照 P.40）…250ml
- ●馬肉（冷凍的生食用）…65g
- ●茄子…20g（約 1/5 個）
- ●苦瓜…15g（約 1/20 個）
- ●鴻喜菇…10g（約 1/100 包）
- ●芽菜…2g（約 20 根）
- ●米麴甜酒…1 大匙

〈馬肉〉

超小 24g、小 48g、中 110g
大 160g

〈米麴甜酒〉

超小 1 小匙、小 2 小匙、中 2 大匙
大 3 大匙

當令食材POINT

馬肉

馬肉性寒，可消除酷熱滋補養身

是肉類唯一性寒的食材，具有可以冷卻並淨化身體的作用，所以是在夏天特別可以多吃的蛋白質類。因為消化酵素很豐富，所以可減輕腸道的負擔，提高免疫力。

作法

茄子、苦瓜、鴻喜菇切細碎。

2

排毒湯倒入鍋中煮到沸騰，把❶的茄子、苦瓜、鴻喜菇放進去，煮 3 分鐘左右。加入米麴甜酒，再稍微煮一下。

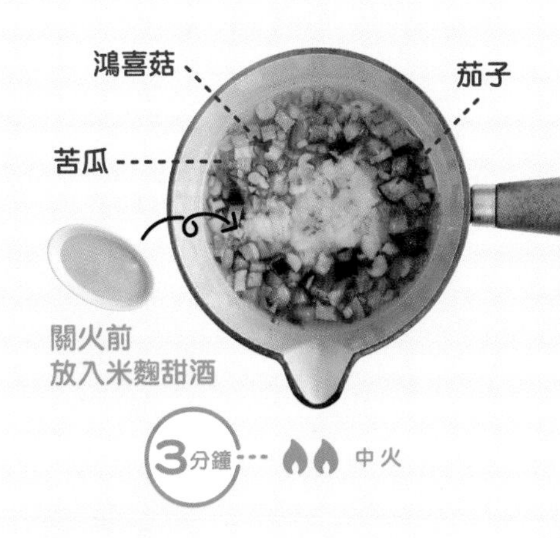

在碗中放入冷凍的馬肉，淋上❷讓馬肉解凍。

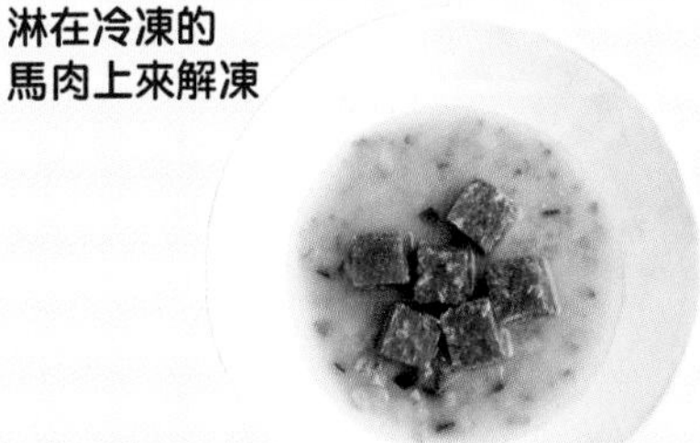

馬肉完全解凍之後，放上芽菜，用手拌一拌就完成了。

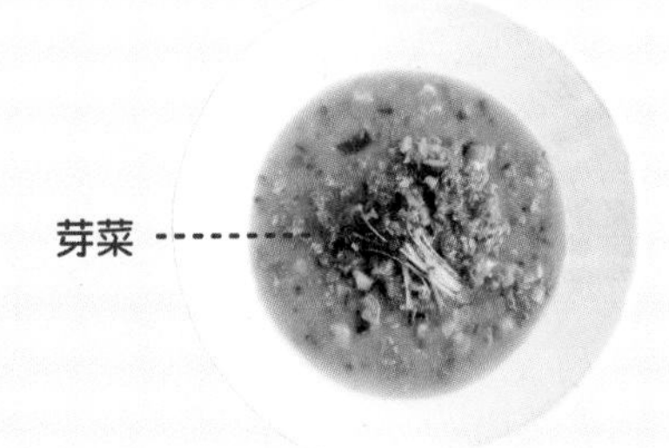

7月 緩解疲勞又消暑食譜 2

沙丁魚x埃及國王菜
抗氧化鮮食餐

沙丁魚是青皮魚代表之一，富含 EPA 有助血液順暢循環。此外，當季蔬菜埃及國王菜具有抗氧化力。重點這道菜添加八角，含有萜烯可讓心情穩定，幫助減緩暑氣和治療所產生的疲累。

※超小＝超小型犬（2 kg）、小＝小型犬（5 kg）、中＝中型犬（15 kg）、大＝大型犬（25 kg）

材料

（體重約 7kg、1 天 2 餐，1 餐分的基準）

- ★ 排毒湯（參照 P.40）…250ml
- ● 沙丁魚…80g
- ● 埃及國王菜…10g（約 1 株）
- ● 秋葵…10g（約 1 根）
- ● 舞菇…20g（約 1/5 包）
- ● 海苔粉…挖耳勺 6 勺
- ● 八角…1 個

〈沙丁魚〉

超小 24g、小 48g、中 100g
大 160g

〈八角〉

超小 1/2 個、小 1 個、中 1 個
大 2 個

〈海苔粉〉

超小 挖耳勺 3 勺、小 挖耳勺 6 勺
中 挖耳勺 9 勺、大 挖耳勺 12 勺

當令食材POINT

埃及國王菜

被稱為「國王的蔬菜」、「神的恩賜」的夏季蔬菜

在埃及從大約 5000 年前開始就被食用至今，即使在極度乾燥的土地也能活下來，擁有強大的生命力。含有許多抗氧化的維生素 A、C、E，含量在蔬菜中也是偏高的。此外，草酸很豐富所以要先汆燙過再進行烹飪。

作法

沙丁魚片成 3 片，剁碎做成丸子。埃及國王菜先汆燙，剁到出黏性。秋葵和舞菇切細碎。

排毒湯和八角放入鍋中煮到沸騰，把❶的沙丁魚丸、舞菇放進去，一邊撈掉浮沫一邊煮 3 分鐘左右。

加入❶的秋葵，稍微煮一下後關火。把八角取出。

4

放涼之後，盛到碗中，加入❶的埃及國王菜和海苔粉，用手拌一拌就完成。

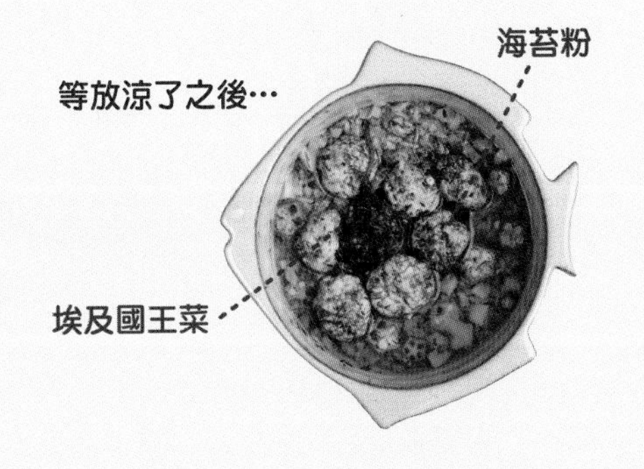

8月 提供常在冷氣房的愛犬體溫調節 食譜 1

雞肉X蛋黃的
胺基酸和維生素滿滿的鮮食餐

8月的酷暑，使得毛小孩也常在冷氣房度過，但冷空氣下降會使一整天幾乎都在地板上度過的狗狗們，寒氣深入骨子裡。在這樣的季節，狗狗也容易食欲不振，可以吃雞肉和蛋黃提升食欲補充胺基酸。乾燥薑粉很推薦，到秋天來臨都要常用。

※超小＝超小型犬（2 kg）、小＝小型犬（5 kg）、中＝中型犬（15 kg）、大＝大型犬（25 kg）

材料

（體重約 7kg、1 天 2 餐，1 餐分的基準）

- ★ 排毒湯（參照 P.40）…250ml
- ● 雞里肌肉…60g
- ● 雞卵巢蛋黃…15g（約 1 個）
- ● 彩椒…20g（約 1/8 個）
- ● 櫛瓜…20g（約 1/10 條）
- ● 羅勒…1 片
- ● 苜蓿芽…2g
- ● 乾燥薑粉…挖耳勺 1 勺

〈雞里肌肉〉

超小 22g、小 45g、中 100g
大 150g

〈雞卵巢蛋黃〉

超小 1/2 個、小 1 個、中 2 個
大 3 個

〈乾燥薑粉〉

超小 挖耳勺 1/2 勺
小 挖耳勺 1 勺
中 挖耳勺 1 1/2 勺
大 挖耳勺 2 勺

當令食材POINT

雞體內卵

營養豐富，「適口性」極佳
沒有食欲的時候也很推薦！

每 100g 有 387 大卡，每 1 個約 70 大卡，是高卡路里、高脂質又營養的雞體內卵。和蛋黃一樣有豐富的胺基酸和維生素群，但比蛋黃更香，適口性更高，所以沒有食欲的時候也很推薦。但注意不要給過多。

作法

雞里肌肉切成容易食用的大小。彩椒、櫛瓜、羅勒切細碎。

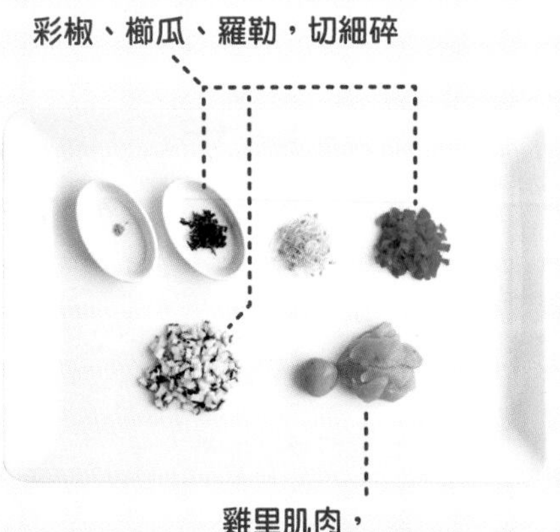

排毒湯倒入鍋中煮到沸騰，把❶的雞里肌肉、彩椒、櫛瓜和雞卵巢蛋黃、乾燥薑粉放進去，一邊撈掉浮沫一邊煮 6 分鐘左右之後，關火。

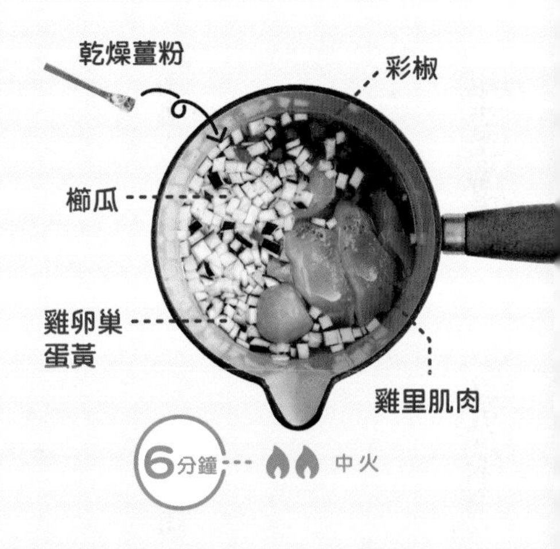

3

等放涼之後，盛到碗中，加入❶的羅勒和苜蓿芽，用手拌一拌就完成了。

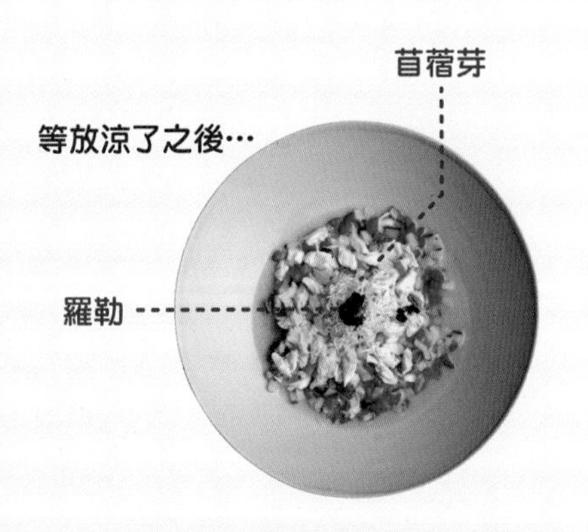

8月 提供常在冷氣房的愛犬體溫調節 食譜 2

香魚X梅子乾
冷氣房脫水對策的鮮食餐

盛夏主食的蛋白質類，建議選用溫性的食材。常待在冷氣房中生活的狗狗，很容易受寒，因此水分也要多攝取，請用梅子乾來補充少量的鹽分，調整礦物質的平衡。

※ 超小＝超小型犬（2 kg）、小＝小型犬（5 kg）、中＝中型犬（15 kg）、大＝大型犬（25 kg）

材料

（體重約 7kg、1 天 2 餐，1 餐分的基準）

- ★ 排毒湯（參照 P.40）…250ml
- ● 香魚…80g（約 1 小隻）
- ● 空心菜…10g（約 1/10 包）
- ● 毛豆…3g（約 7 粒）
- ● 香菇…15g（約 1/2 片）
- ● 納豆…1 小匙
- ● 梅子乾…小指指甲的程度

〈香魚〉

超小 1/2 隻、小 3/4 隻、中 2 隻
大 3 隻

〈納豆〉

超小 1/2 小匙、小 1 小匙
中 2 小匙、大 1 大匙

〈梅子乾〉

超小 小指指甲 1/2 的程度
小 小指指甲的程度
中 小指指甲 1 1/2 的程度
大 小指指甲 2 的程度

當令食材POINT

香魚

促進新陳代謝或細胞的再生、血液循環來做禦寒保養

香魚具有抗氧化作用的維生素 E，可以整條切塊餵食；維生素 B_1、B_2 也很豐富，可促進新陳代謝或細胞的再生；也有促進血液循環，擴張末稍血管的效果，可針對吹冷氣造成的身體或四肢的冰冷做保養。

作法

香魚整隻切大塊。空心菜把葉子和莖分開切碎。毛豆煮過後從豆莢中取出，切細碎。香菇、納豆也切碎。

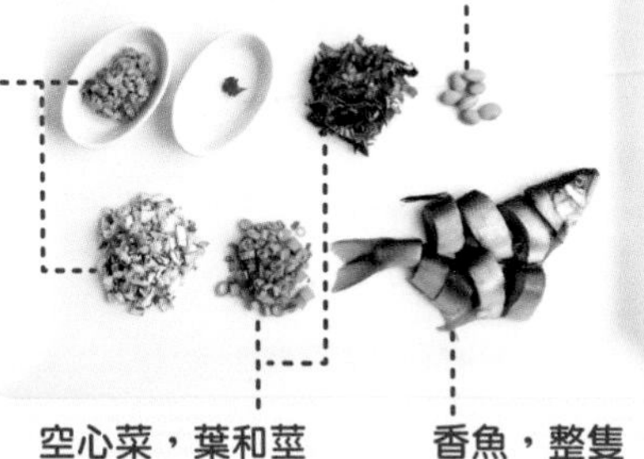

2

排毒湯倒入鍋中煮到沸騰，把❶的香魚放進去，一邊撈掉浮沫一邊煮 3 分鐘左右。把❶的空心菜的莖、香菇加進去，再煮 2 分鐘左右。

空心菜的莖
香菇
香魚
3分鐘 2分鐘 中火

3

關火之前，放入❶的毛豆、空心菜的葉子，稍微煮一下後即可關火。

4

等放涼後，盛到狗碗裡，加入梅子乾，用手拌一拌。最後放上❶的納豆就完成了。

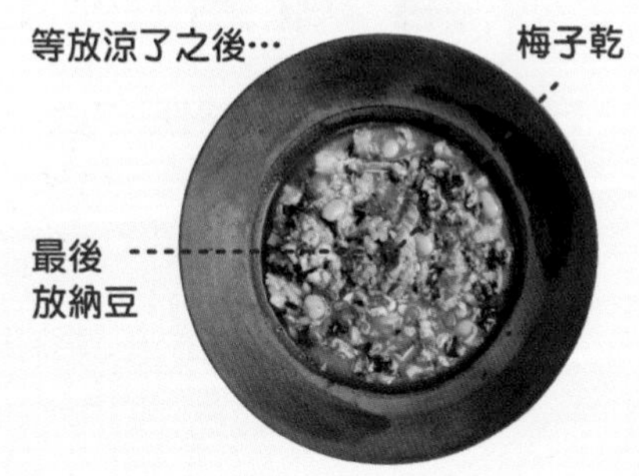

9月 消除夏日疲憊、提高抗氧化的食譜 1

鴨肉×金滑菇

修護黏膜及免疫力的鮮食餐

金滑菇的黏滑成分或軟骨素，有滋潤黏膜的保水力，可滋潤因夏天的冷氣房而有點乾燥感的鼻子或嘴巴，同時可防止細菌入口、提升黏膜免疫力，為乾燥的秋天做好準備吧。

※超小＝超小型犬（2 kg）、小＝小型犬（5 kg）、中＝中型犬（15 kg）、大＝大型犬（25 kg）

材料

（體重約 7kg、1 天 2 餐，1 餐分的基準）

- ★排毒湯（參照 P.40）…250ml
- ●鴨肉…70g
- ●青花菜…20g（約 1 小朵）
- ●青紫蘇…1 片
- ●金滑菇…10g
- ●羊栖菜…滿過 1 小匙
- ●大蒜…挖耳勺 1 勺

〈鴨肉〉

超小 24g、小 48g、中 110g
大 160g

〈羊栖菜〉

超小 1/2 小匙、小 1 小匙
中 2 小匙、大 3 小匙

〈大蒜（磨泥）〉

超小 挖耳勺 1/2 勺
小 挖耳勺 1 勺
中 挖耳勺 1 1/2 勺
大 挖耳勺 2 勺

※關於大蒜，贊成和反對各有人支持。經驗上，是沒有給予極少量而造成問題的案例，但如果擔心的場合，請減少餵食。

當令食材POINT

鴨肉

鴨肉可有效分解老化因子「過氧化脂肪」

鴨肉維生素含量高於其他食用肉類，特別是維生素 B_2 含量高可以分解「過氧化脂肪」，有助於讓血液或血管的狀態保持健康。

作法

鴨肉切成容易食用的大小。青花菜、青紫蘇、金滑菇、羊栖菜切細碎。將大蒜磨成泥。

排毒湯倒入鍋中煮到沸騰，把❶的鴨肉、青花菜放進去，一邊撈掉浮沫一邊煮 5 分鐘左右。

加入❶的金滑菇、羊栖菜，再煮大約 3 分鐘左右。

等放涼之後，盛到狗碗中，加入❶的大蒜、青紫蘇，用手拌一拌就完成了。

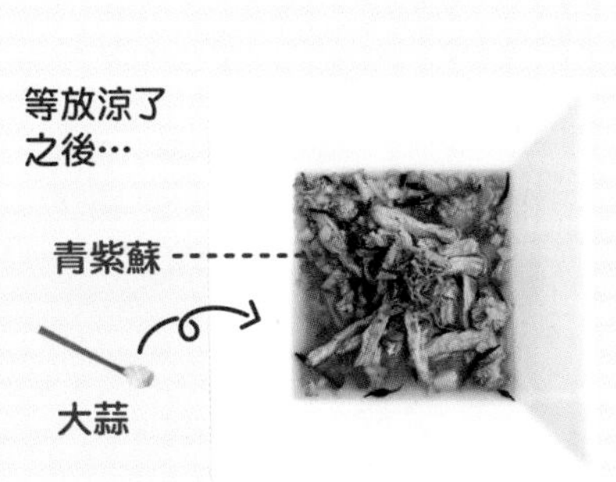

9月 消除夏日疲憊、提高抗氧化的食譜 2

鮭魚×檸檬

提振精神消除疲勞的鮮食餐

這道鮮食富含鮭魚的蝦紅素，檸檬的維生素 C，再加上枸杞的超級抗氧化作用，三效功能可讓夏日疲勞或在冷氣房的身體冰冷得到修護！擔心會貧血的狗狗，藜麥請多放一點。

※ 超小＝超小型犬（2 kg）、小＝小型犬（5 kg）、中＝中型犬（15 kg）、大＝大型犬（25 kg）

材料

（體重約 7kg、1 天 2 餐，1 餐分的基準）

- ★ 排毒湯（參照 P.40）…250ml
- ● 鮭魚…65g
- ● 小番茄…20g（約 2 個）
- ● 萵苣…20g（約 1 片）
- ● 胡蘿蔔…15g（約 1.5cm）
- ● 藜麥（蒸過煮好的）…1 小匙
- ● 檸檬…切片 0.5cm 1 片
- ● 枸杞…3 粒

〈鮭魚〉

超小 24g、小 48g、中 100g
大 160g

〈藜麥〉

超小 1/3 小匙、小 1/2 小匙
中 1 1/2 小匙、大 2 小匙～

〈枸杞〉

超小 1 粒、小 2 粒、中 3 ～ 4 粒
大 5 ～ 6 粒

當令食材POINT

鮭魚

富含蝦紅素，抗氧化力強

鮭魚富含蝦紅素，抗氧化力非常強，可幫助抑制血脂的自由基，提高免疫力，對於預防癌症的效果值得期待。再加上含有維生素 D 可幫助促進鈣或磷吸收，維生素 D 大約是鯖魚或秋刀魚的 3 倍！

鮭魚切成容易食用的大小。小番茄去籽。萵苣切細碎。胡蘿蔔磨成泥。

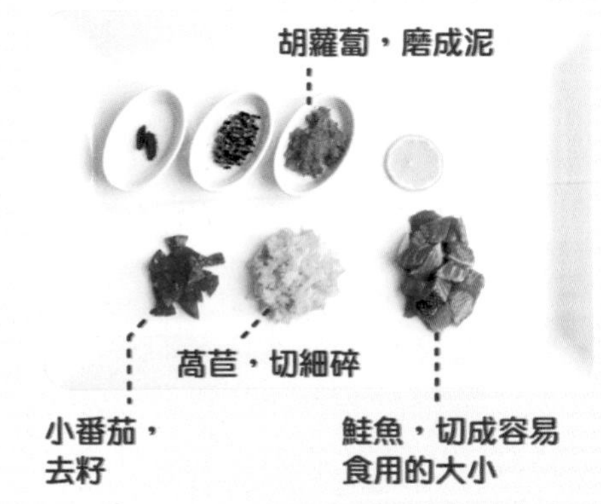

排毒湯倒入鍋中煮到沸騰，把❶的鮭魚和枸杞放進去，煮 4 分鐘左右。

加入❶的小番茄、萵苣，再煮 2 分鐘左右。關火前加入❶的胡蘿蔔，要再稍微煮一下。

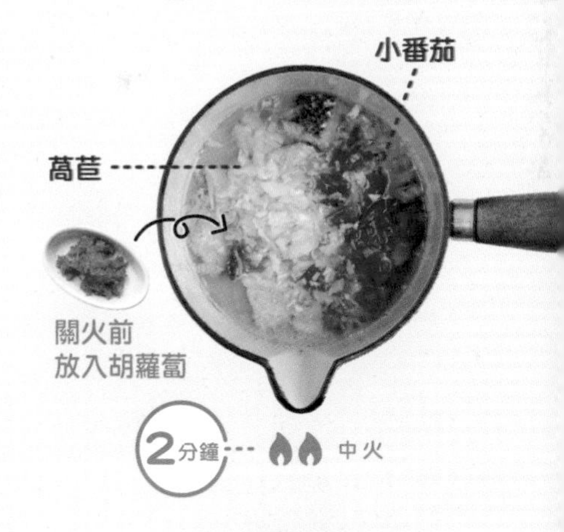

4

等不燙之後，盛到狗碗中，加入藜麥，擠上檸檬汁，用手拌一拌就完成了。

10 月 養肺、調整呼吸系統的食譜 1

牛肉×山藥
修護貧血及滋潤黏膜的鮮食餐

牛舌中的「血基質鐵 (Heme Iron)」很豐富，與維生素 C 一起攝取，可以提高鐵質吸收！此菜單雖然是搭配青江菜，但請務必和當令的蔬菜一起用。此外，加入了保護黏膜的代表食材－山藥，正是入秋的好膳食。

※ 超小＝超小型犬（2 kg）、小＝小型犬（5 kg）、中＝中型犬（15 kg）、大＝大型犬（25 kg）

材料

（體重約 7kg、1 天 2 餐，1 餐分的基準）

- ★ 排毒湯（參照 P.40）…250ml
- ● 牛瘦肉…45g
- ● 牛舌…20g
- ● 青江菜…20g（約 1 片）
- ● 白木耳（生）…10g
- ● 山藥…40g（約 2cm）
- ● 白芝麻（粉）…挖耳勺 6 勺
- ● 蜂蜜…1/2 小匙

〈牛瘦肉〉

超小 13g、小 30g、中 70g
大 105g

〈牛舌〉

超小 7g、小 15g、中 35g、大 50g

〈白芝麻（粉）〉

超小 挖耳勺 3 勺、小 挖耳勺 6 勺、
中 挖耳勺 9 勺、大 挖耳勺 12 勺

〈蜂蜜〉

超小 1/4 小匙、小 1/2 小匙
中 3/4 小匙、大 1 小匙

當令食材POINT

山藥

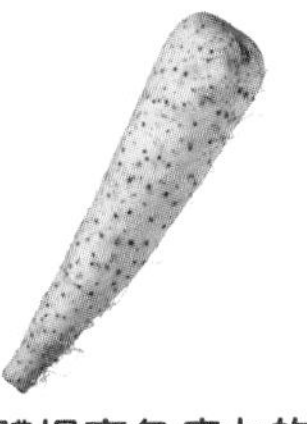

滋潤身體提高免疫力的
秋天必備蔬菜

秋天挖出來的山藥新鮮又多汁，滋潤身體的效果很高，是提高免疫力必備的食材。同時促進消化，可幫助因夏天吹冷氣等而受寒的胃腸。餵給持續拉肚子的狗狗時，必須要煮熟。

作法

牛瘦肉、牛舌切成容易食用的大小。青江菜、白木耳切細碎。山藥磨成泥。

2

排毒湯倒入鍋中煮到沸騰，把❶的牛瘦肉、牛舌、白木耳放進去，一邊撈掉浮沫一邊煮 5 分鐘左右。

加入❶的青江菜，再煮 2 分鐘左右。

4

等不燙之後，盛到狗碗中，加入❶山藥、白芝麻、蜂蜜，用手拌一拌就完成了。

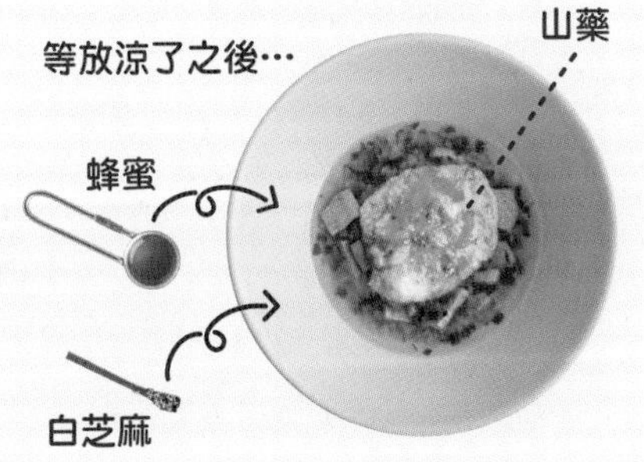

10月 養肺、調整呼吸系統的食譜 2

星鰻X蓮藕 營養滿點的鮮食餐

星鰻含有相當豐富的 EPA 或維生素、礦物質。對於氣候較乾燥的秋天，可用蓮藕和豆腐，以及些微少量的白米這些白色食材來滋潤。

※ 超小＝超小型犬（2 kg）、小＝小型犬（5 kg）、中＝中型犬（15 kg）、大＝大型犬（25 kg）

材料

（體重約 7kg、1 天 2 餐，1 餐分的基準）

★排毒湯（參照 P.40）…250ml
● 星鰻…70g
● 蓮藕…40g（約 2cm）
● 小松菜…15g（約 1 ～ 2 片）
● 舞菇…20g（約 1/5 包）
● 米…1 大匙
● 豆腐…35g（約 1/10 塊）
● 茶花籽油…1/2 小匙

〈星鰻〉

超小 24g、小 48g、中 100g
大 160g

〈茶花籽油〉

超小 1/4 小匙、小 1/2 小匙
中 3/4 小匙、大 1 小匙

當令食材POINT

蓮藕

蓮藕可抑制致癌性物質
富含維生素 C

蓮藕的維生素 C 即使加熱也不容易被破壞。另外，蓮藕含有「凝集素」是蛋白質的一種，有助免疫細胞（巨噬細胞）容易發現細菌的作用。磨成泥後再煮，黏稠度會變得容易食用。

作法

星鰻切成容易食用的大小。蓮藕磨成泥。小松菜、舞菇切細碎。放入適當大小的容器，把米 1 大匙加入水 4 大匙，浸泡 30 分鐘以上，用微波爐以500W加熱3分鐘，再用 200W 加熱 7 分鐘，做成 4 倍水的粥。

排毒湯倒入鍋中煮到沸騰，把❶的星鰻、蓮藕、舞菇放進去，豆腐用手捏碎放進去，一邊撈掉浮沫一邊煮 4 分鐘左右。

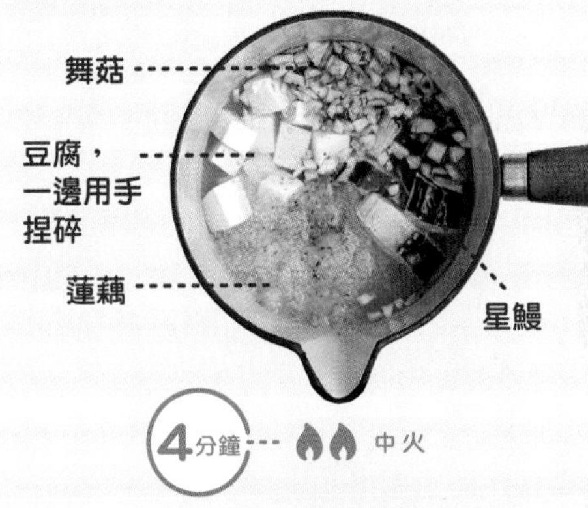

加入❶的小松菜，稍微煮滾一下，關火。

等放涼後，盛到狗碗中，加入❶的 4 倍水的粥和茶花籽油，用手拌一拌就完成。

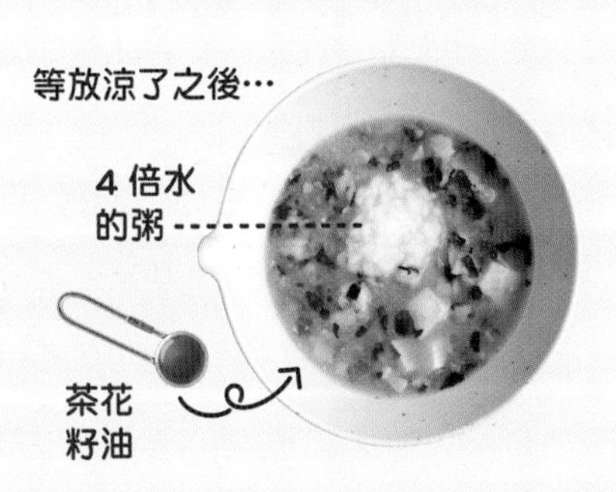

11 月 打造出溫熱耐寒身體的食譜 1

小羔羊肉X人蔘 禦寒對策的鮮食餐

這道鮮食包含，小羔羊肉，是在肉之中最擅長於溫熱或保持熱氣的食材。朝鮮人蔘自古以來就是可以補「氣」的食材。對於治療感到倦怠或要補充能量時很推薦！

※ 超小＝超小型犬（2 kg）、小＝小型犬（5 kg）、中＝中型犬（15 kg）、大＝大型犬（25 kg）

材料

（體重約 7kg、1 天 2 餐，1 餐分的基準）

- ★ 排毒湯（參照 P.40）…250ml
- ● 小羔羊肉…70g
- ● 蕪菁…25g（約 1/4 個）
- ● 蕪菁葉…20g（約 1 ～ 2 根）
- ● 青花菜…15g（約 1 小朵）
- ● 蘑菇…15g（約 1 個）
- ● 荷蘭芹…1g（約 1 朵）
- ● 人蔘（有的話用生的）…18g

〈小羔羊肉〉

超小 24g、小 48g、中 110g

大 160g

〈人蔘〉

超小 10g、小 15g、中 20g、大 30g

當令食材POINT

蕪菁

可預防癌症
對貧血或便秘的保養也有效

秋天的蕪菁很甜、適口性高，具有維生素 C 或鐵質、膳食纖維很豐富，不只是預防癌症，對貧血或便秘的保養也有很大的效果。不管是根或是葉，都含有豐富抑制癌症的成分「硫配醣體」。有甲狀腺疾病的狗狗請避免食用。

作法

小羔羊肉和人蔘切成容易食用的大小。蕪菁磨成泥。蕪菁葉、青花菜、蘑菇、荷蘭芹切細碎。

2

排毒湯倒入鍋中煮到沸騰，把❶的小羔羊肉、蕪菁、青花菜、蘑菇、人蔘放進去，一邊撈掉浮沫一邊煮 5 分鐘左右。

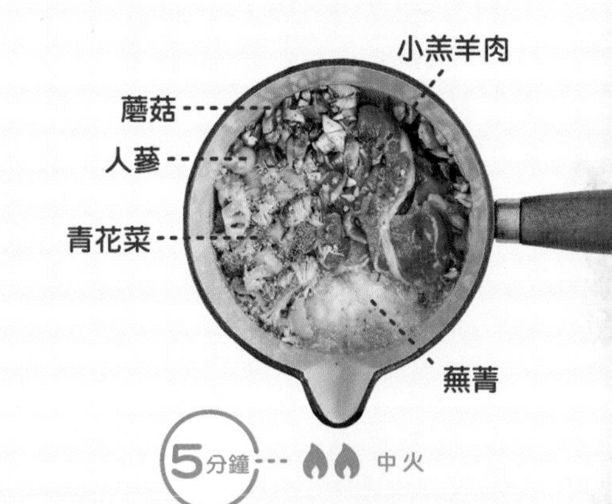

加入❶的蕪菁葉，稍微煮滾一下，關火。

等不燙之後，盛到狗碗中，加入❶的荷蘭芹，用手拌一拌就完成了。

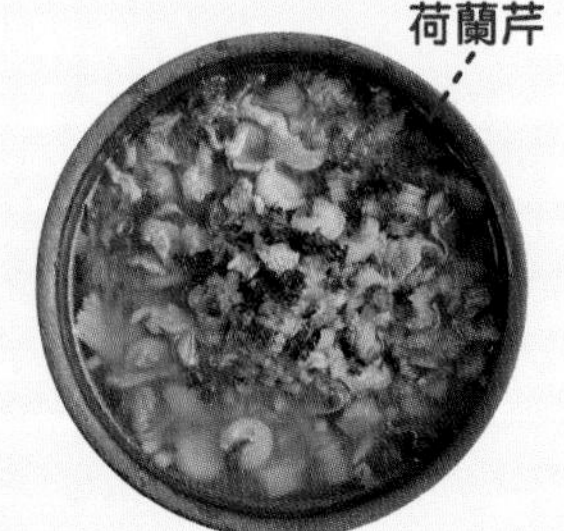

11 月 打造出溫熱耐寒身體的食譜 2

鯖魚 X 菊花
可增強活力的鮮食餐

這道料理備受矚目的是，含有菊花的解毒物質「穀胱甘肽」和可抑制壞膽固醇發生、抑制致癌物質的「異綠原酸」。搭配 EPA 豐富的鯖魚，可以讓因為罹癌而失去活力的狗狗，有助恢復體力的鮮食餐。

※ 超小＝超小型犬（2 kg）、小＝小型犬（5 kg）、中＝中型犬（15 kg）、大＝大型犬（25 kg）

材料

（體重約 7kg、1 天 2 餐，1 餐分的基準）

- ★ 排毒湯（參照 P.40）…250ml
- ● 鯖魚…75g
- ● 地瓜…35g（約 1/6 個）
- ● 白菜…40g（約 1/2 片）
- ● 舞菇…15g（約 1/9 包）
- ● 高麗菜芽…2g（約 20 根）
- ● 菊花…1/6 個

〈鯖魚〉

超小 24g、小 48g、中 100g
大 160g

〈菊花〉

超小 1/8 個、小 1/6 個
中 1/3 個、大 1 個

作法

鯖魚片成 3 片，切成容易食用的大小。地瓜切成圓片。白菜、舞菇切細碎。

2

排毒湯倒入鍋中煮到沸騰，把❶的鯖魚、地瓜、白菜的芯、舞菇放進去，一邊撈掉浮沫一邊煮大約 6 分鐘左右。

3

加入白菜的葉子、菊花，稍微煮一下即可關火。

4

等不燙之後，盛到狗碗中，加入芽菜，用手拌一拌就完成了。

當令食材POINT

地瓜

被發現含有
抑制癌症的醣脂質

地瓜含有「神經節苷脂」是含有唾液酸的醣脂質，已被證實對癌症具有抑制力或殺傷力。特別是在皮的部分含量很多，所以請連皮一起餵給。因為膳食纖維也很豐富，所以整腸效果也值得期待。

12 月 血液年終大掃除，淨化食譜 1

豬肉X菊芋
血液大掃除的鮮食餐

親愛的毛孩平安度過一年，快來手作這道鮮食餐，為愛犬作血液大清掃。利用擅長造血＆利尿的食材——豬或牛的腎臟（腰子）。另外，用肉桂來活化微血管，也能增加體溫來加速血液循環及代謝。

※ 超小＝超小型犬（2 kg）、小＝小型犬（5 kg）、中＝中型犬（15 kg）、大＝大型犬（25 kg）

材料

（體重約 7kg、1 天 2 餐，1 餐分的基準）

★ 排毒湯（參照 P.40）…250ml
● 豬瘦肉…50g
● 豬腎（腰子）…20g
● 球芽甘藍…15g（約 1 個）
● 菊芋…15g
（或是乾燥菊芋 5g）
● 胡蘿蔔…15g（約 1.5cm）
● 高麗菜芽…2g（約 20 根）
● 肉桂…挖耳勺 1 勺

〈豬瘦肉〉

超小 16g、小 33g、中 75g
大 110g

〈豬腎（腰子）〉

超小 7g、小 14g、中 32g
大 47g（※ 這個量以 1 週 1 次為基準）

〈肉桂〉

超小 挖耳勺 1/2 勺
小 挖耳勺 1 勺
中 挖耳勺 1 1/2 勺
大 挖耳勺 2 勺

當令食材POINT

菊芋

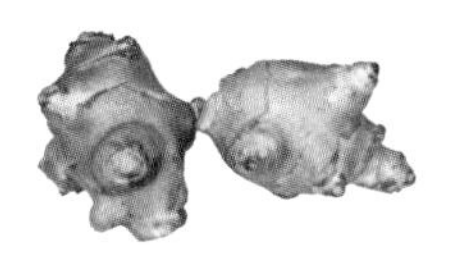

可調整腸內環境等對抗癌有積極的幫助！

菊芋並不是薯芋類的同伴，是菊科牛蒡的同伴。具有受注目的「水溶性植物纖維菊糖」，會成為益菌的食物，可調整腸內環境。再加上，分解自由基的多酚也很豐富！

作法

豬瘦肉、豬腎切成容易食用的大小。球芽甘藍切細碎。胡蘿蔔（菊芋如果生的也是）磨成泥。

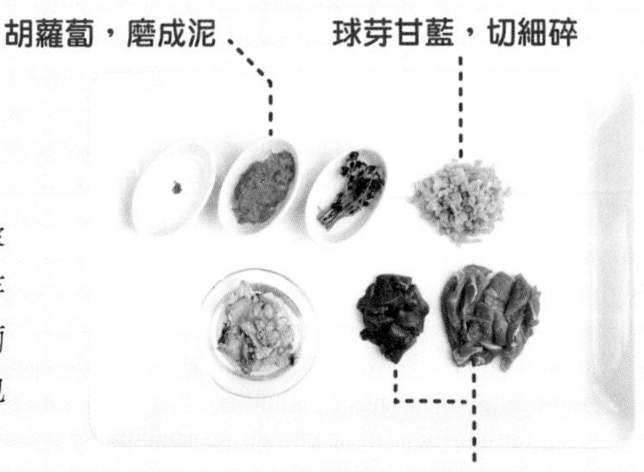

排毒湯倒入鍋中煮到沸騰，把❶的豬瘦肉、豬腎、菊芋放進去，一邊撈掉浮沫一邊煮 5 分鐘左右。

加入❶的球芽甘藍，再煮 2 分鐘左右。在關火前加進 1 的胡蘿蔔，關火。

等不燙之後，盛到狗碗中，加入高麗菜芽、肉桂，用手拌一拌就完成了。

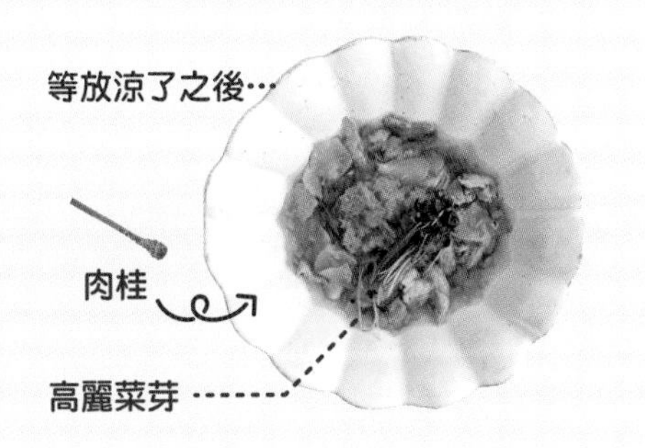

12月 血液年終大掃除，淨化食譜 2

鱈魚X牡蠣
提高精力的鮮食餐

被稱為「海中牛奶」的牡蠣，礦物質或牛磺酸很豐富，是可期待能改善貧血和增強精力的令人開心的食材。加入辣木，可以調節腸胃，強制性地排出體內毒素，增強人體免疫力方面都具有顯著療效

※超小＝超小型犬（2 kg）、小＝小型犬（5 kg）、中＝中型犬（15 kg）、大＝大型犬（25 kg）

材料

（體重約 7kg、1 天 2 餐，1 餐分的基準）

- ★ 排毒湯（參照 P.40）…250ml
- ● 鱈魚…70g
- ● 牡蠣…1 個
- ● 芋頭…40g（約 1 個）
- ● 菠菜…20g（約 1 株）
- ● 鴻喜菇…15g（約 1/9 包）
- ● 羊栖菜…1 小匙
- ● 辣木…1/3 小匙
- ● 柴魚片…用手指抓一點

〈鱈魚〉

超小 24g、小 48g、中 100g
大 160g

〈牡蠣〉

超小 1/2 個、小 1 個、中 1 1/2 個
大 2 個

〈羊栖菜〉

超小 1/2 小匙、小 1 小匙
中 2 小匙、大 3 小匙

〈辣木〉

超小 1/6 小匙、小 1/3 小匙
中 2/3 小匙、大 1 小匙

當令食材POINT

菠菜

抑制癌症或免疫活性化、預防貧血等可靠的蔬菜

菠菜中豐富的 β 胡蘿蔔素，是可幫助讓抑制癌症或免疫活性化更活躍的成分。含有和牛肝同等級的鐵質，造血或預防貧血的效果也備受期待。

作法

鱈魚切成容易食用的大小。芋頭把表皮磨掉，切成容易食用的大小。菠菜先汆燙把草酸排出後切碎。鴻喜菇、羊栖菜切細碎。

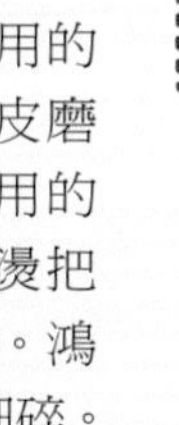

排毒湯倒入鍋中煮到沸騰，把❶的鱈魚、芋頭、鴻喜菇和牡蠣放進去，一邊撈掉浮沫一邊煮大約 4 分鐘左右。

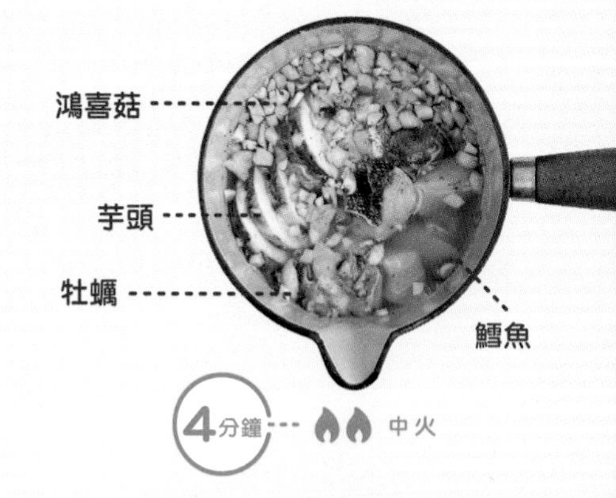

加入❶羊栖菜和辣木，再續煮 3 分鐘左右。

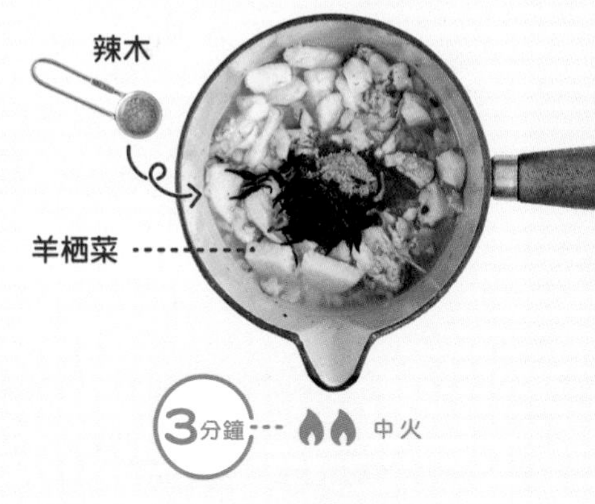

等不燙之後，盛到狗碗中，加入❶菠菜和柴魚片，用手拌一拌就完成了。

等放涼了之後…

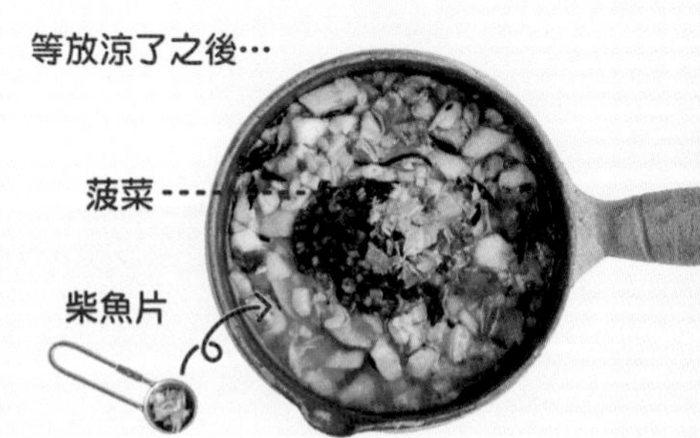

column

與癌共存的狗狗鮮食必備5大營養素！

在第 1 章，以整腸、血液循環、抗氧化、排毒的這 4 大功效為主，介紹推薦的食材。除了這些食材之外，並加上本篇章要介紹的 5 大營養素，來試著挑選適合愛犬的食材。

有助將食物轉為能量攝取營養

1. 酵素

如果沒有酵素，就無法吸收食物轉變為能量。酵素來源分為兩種，一是原本就存在於體內、不會增加的體內酵素，二是可以從飲食中攝取到的食物酵素。若飲食中缺乏酵素，會用體內酵素來補足以便進行消化吸收，所以體內酵素會漸漸地消耗殆盡。所以如何從飲食中攝取到酵素，是維持健康的重點。

（酵素豐富的食物）

生肉（馬肉、鹿肉、雞肉等犬用、做為生食用而被處理過的肉）、生魚、蔬菜（蘿蔔、小黃瓜、胡蘿蔔、小松菜、青花菜等）、水果（蘋果、奇異果、香蕉、鳳梨、被稱為酵素的寶庫的柑橘類等）、發酵食品（納豆、味噌、甜酒）

可修補受損細胞，提升免疫力

2. 核酸

在體內核酸的合成途徑可以分為，在肝臟處理的「從頭合成」和把食物中的核酸再利用的「補救合成」兩種方式。

從頭合成的核酸是癌細胞的最愛，相對於此，對補救合成的核酸就不感興趣。因此，藉由攝取補救合成的核酸來增加占比，可引導癌細胞自我滅亡。

（核酸豐富的食物）

特別多的是，鮭魚的魚膘、河豚的魚膘、啤酒酵母。其他還有，小沙丁魚乾、海苔、牛肉、沙丁魚、柴魚片、豬肉、鮪魚、牡蠣、豬肉、大豆、香菇等比較多。營養補充品（參照 P.100）也很推薦。

有助調整腸胃功能，預防便秘

3. 膳食纖維

→參照P.17、23

膳食纖維不會被身體吸收，因此擁有調整腸內環境後被排出的作用，對於有便秘、消化問題的狗狗相當有益處，對提高免疫力也是必需的營養素。

促進其他營養素運作的

4. 10種維生素

維生素是為了讓其他的營養素效率良好運作的潤滑劑。分為水溶性和脂溶性，水溶性因為會在當天就被排出，所以必須每天認真攝取。脂溶性因為會累積在體內，注意不要攝取過量。

	名稱	作用		富含食材
水溶性的維生素	維生素B_1	具有把碳水化合物（醣類）變成能量、提高體液性的免疫力、增進食欲、跳蚤不容易靠近的作用。不足的話，會引起肌肉疲勞或食欲不振等的不適。因為生魚含有分解維生素B_1的酵素，所以要注意不要給太多。		豬肉、舞菇、海苔、雞肝、鮭魚、沙丁魚、芝麻、糙米、小麥、納豆、番茄、蕪菁、豌豆等等
	維生素B_2	抗氧化作用很高。是保護細胞不被自由基傷害的成分。有助於細胞再生或成長，促進脂肪的代謝。對白內障或結膜炎的預防也有效果。保護黏膜，讓皮膚或指甲健康，也可預防皮膚問題。		牛肝、豬肝、啤酒酵母、鮭魚、海苔、蛋、乳製品、荷蘭芹、紅椒粉、綠黃色蔬菜、納豆等等
	維生素B_5（泛酸）	具有延長壽命、提高免疫力、預防過敏的作用。因為可強化腎上腺皮質荷爾蒙的作用，所以也具有舒緩壓力的效果。和維生素C一起攝取增強效果。		肝、雞肉、菇類、乳清、埃及國王菜、花椰菜、納豆、蛋等等
	維生素B_6	對肉體和精神這兩方面都有影響。提高細胞性的免疫力。改善淋巴球細胞的萎縮。對製造紅血球等的礦物質類的作用是必要的成分。可活化胃酸的分泌。幫助蛋白質的代謝，促進毛髮、牙齒的代謝。神經傳導的合成。		大蒜、荷蘭芹、香蕉、乾燥薑粉、青皮魚、雞肝、蕪菁、埃及國王菜、芝麻、納豆、酵母、蛋等等
	維生素B_{12}	對細胞新生不可少的維生素。製造紅血球，預防貧血。維持神經機能，支援葉酸的作用。		蜆、蛤蜊、鰹魚、秋刀魚、鮭魚、小魚乾、海苔、肝、蛋、酵母等等
	維生素C	抗氧化作用很高，可去除自由基，改善來自重金屬的中毒。也具有解毒作用，隨著免疫力的提高，而對癌症預防也有效。雖然也有人認為狗狗體內能合成，所以沒有必要攝取，但在現代壓力很多的環境中，感覺稍嫌不足。		平常常見的蔬菜幾乎都含有。西印度櫻桃、羽衣甘藍、荷蘭芹、海苔、青椒類、高麗菜、青花菜中特別多
	葉酸	是健腦必需的成分。製造血球，預防貧血。促進細胞正常的生成，改善嗜中性球機能等等，強化免疫系統。怕熱、光、空氣。		酵母、海苔、荷蘭芹、肝、蛋、羽衣甘藍、青花菜、毛豆、菠菜、納豆、彩椒、馬鈴薯、大豆等等
	生物素	有經由腸內細菌合成可能的維生素。可改善胸腺萎縮。對脂肪、蛋白質、碳水化合物的代謝是必要的。做為對抗異位性皮膚炎的營養素而受到注目。缺乏的話，會造成貧血、皮膚炎。		肝、腎、牛乳、蛋黃、沙丁魚、舞菇、花椰菜、毛豆、蛤蜊、鰻魚、納豆等等
脂溶性的維生素	維生素A	讓免疫細胞活化。防止病毒或細菌的侵入，對造成癌症或老化的原因的活性氧的抑制效果很高。	動物性（視黃醇）：皮膚或黏膜的強化。免疫機能的維持。	豬肉、雞肝、馬肉、香魚、魚、鱈魚、鰻魚、海苔
			植物性（胡蘿蔔素）：藉由抗氧化作用，可預防癌症，防止老化，防止感染症。	胡蘿蔔、海苔、青紫蘇、小松菜、山茼蒿、南瓜、埃及國王菜等等 ※狗狗能在體內把蔬菜的β胡蘿蔔素變換成維生素A
	維生素E	防止氧化及老化。有效防止不飽和脂肪酸的氧化。可去除有害的活性氧，保護細胞膜。幫助守護肺、眼睛、肝臟、腎臟、肌肉、皮膚等，避免因氧化或污染而造成損傷。再加上，可促進肌肉的再生，提高治癒力。		香魚、鱒魚、納豆、馬肉、蘋果、蕪菁葉、南瓜、核桃、味噌、黃豆粉、茶花籽油、葵花油等等

體內無法製造的必需營養素

5. 7種礦物質

礦物質是對維持生命不可或缺的營養素，但因為動物在體內無法製造出來，所以有利用飲食來攝取。不過，因為攝取過量會成為引發疾病的要因，所以要特別注意。

名稱	作用	豐富的食材
鐵	鐵質是製造紅血球中血紅素的主要成分，可以將氧氣從肺運送到體細胞，把二氧化碳從體細胞運回到肺部做交換，此外也是肌肉的肌紅素的成分，會把氧氣運送到組織。一旦鐵質不足，氧氣運送不順暢會造成貧血狀態，一旦造成貧血，免疫力就會低下，或是體重減少，形成不良影響的連鎖反應。和維生素C一起攝取，能提高吸收率。	羅勒、百里香、蘿蔔葉、海苔、香魚、貝類、肝、馬肉、牛肉、雞肉、綠黃色蔬菜等等
鋅	是非常重要的微量元素之一。可讓體內超過200種的酵素活化，促使細胞分裂正常運作，製造蛋白質，提高酵素的機能，維持正常的免疫機能。對於預防感染也很重要。另外，對於代謝維生素B群，也扮演著重要的角色。 ※如果狗狗吃較多碳水化合物類的食物，會阻礙鋅的吸收，所以要特別注意。鋅的缺乏容易讓眼睛周圍掉毛，或是肉球受到損傷。	牡蠣、紅椒粉、芝麻、牛肝、豬肝、魚和貝類、骨頭、舞菇、小魚乾、小羔羊肉等等
銅	鐵是為了生成紅血球必需的營養素，而銅則是扮演為了幫助鐵生成紅血球的支援的角色。因此，即使鐵十分充足，而銅不足的話，就無法順利生成紅血球。另外，還有形成存在於體內的各種酵素，去除自由基的作用；此外可以幫助骨骼形成、維持結締組織的作用。	牡蠣、蝦皮、芝麻、牛肝、綠黃色蔬菜
矽	含量僅次於氧的存在，對於刺激免疫系統、防止老化非常有幫助。因為是伴隨著老化會逐漸減少的礦物質，所以有補充的必要。對於皮膚毛髮、指甲、膠原蛋白的形成是必需的。	馬鈴薯、苜蓿芽、大麻籽、野生燕麥、黍米、大麥、大豆、苜蓿芽等等
錳	人類的成人體內約含有12～20mg，被利用做為各種酵素的構成成分，或是幫助活化酵素。另外，關係到骨骼的形成，或成為對醣類或脂質的代謝有作用的酵素或具有抗氧化作用的酵素等的構成成分，對狗狗的成長是非常重要的營養素。	丁香、肉桂、乾燥薑粉、羅勒粉、大麻籽、海苔粉、蜆、香魚等等
鎂	進行體內300種以上的酵素活化，有一半以上被儲存在骨頭中。剩下的被儲存在肌肉、心臟、腎臟、體液裡，幫助體內各種代謝運作。是細胞在蓄積、消耗能量時必需的成分，有助形成肌肉、神經鎮靜、調節體溫或血壓。鎂不足會使肌肉的收縮無法順利進行。	海苔、石蓴、寒天、昆布、羊栖菜、羅勒粉、納豆、豆腐等等
硒	預防脂質的氧化，和維生素E一起，可保持強力的抗氧化作用。維持心臟或肝臟的健康，在脂質代謝時，可調整甲狀腺荷爾蒙。	柴魚片、腎、鱈魚、鮪魚、鰹魚、比目魚、竹筴魚、舞菇、大豆類等等

注意！針對罹癌愛犬攝取的必要營養素

當飼主知道某營養素對愛犬有幫助時，往往會容易攝取過量特定的營養素，但有些營養素過量攝取，不但沒有幫助反而會造成反效果，所以要先了解。不管怎樣，均衡才是最重要的。

鐵質

>> 即使貧血
也要注意避免攝取過量

因癌症出血等出現貧血症狀的話，有的處方會用鐵劑。也有人會想用飲食或營養補充品來補充鐵質，但必需注意鐵的攝取是否過量。一般認為，動物對癌細胞吸收鐵質而造成癌細胞增生一事，自然而然就有抑制的作用，但如果鐵質過量，就會阻礙這個作用的活動。若有開鐵劑的處方時，鐵質的攝取就要減少。

維生素C

>> 被開利尿劑的處方時，
或是吃營養補充品時要注意

若愛犬已被開利尿劑的處方，就不可以攝取過量的維生素 C，恐會提高腎、尿道結石的風險，所以請和獸醫諮詢後再調整。另外，營養補充品所使用的人工維生素 C 的抗壞血酸，被認為是誘發銅的缺乏和結石的原因。請確認成分表後，選擇沒有使用抗壞血酸的產品。

維生素E

>> 若攝取單一的營養補充品
就有讓癌症惡化的可能性

據說維生素 E 在發揮抗氧化作用後，會自己氧化，成為致癌物質，或是有讓癌症惡化的可能性。再加上，也有報告指出，以維生素 E 單一的營養補充品等，持續只餵維生素 E 給健康的動物，結果發生癌症。請務必要和維生素 C 或其他的抗氧化食品一起餵食。建議利用香魚、埃及國王菜、南瓜等來攝取。

omega-6 脂肪酸

>> 也有促進癌症
轉移的作用

為必需脂肪酸之一，因為在體內無法合成，必須經由飲食。含有必需脂肪酸的健康油，最近在乾飼料或點心等等也經常會添加。必需脂肪酸有 omega-3 和 6 兩種，特別注意的是 omega-6。有報告指出，omega-6 系列的亞麻油酸具有促進癌症轉移的作用。

column

6種對愛犬有益處的營養補充品

有很多種類喔

可幫助毒素排出的 真菰草本植物酵素液

愛犬罹癌之後，不讓毒素滯留在體內一事特別重要。「真菰」是生長在池塘或沼澤等的水邊禾本科多年生草本植物。具有排出體內的毒素，對肺、心臟、肝臟、脾臟、腎臟等五臟有效果的藥草。一概不使用酵母菌等促進發酵的菌，以讓真菰的葉子上生長的微生物活化的方法所製造的產品。

（這個時候很推薦！）

不管是癌症發病之後或是之前，為了預防和抑制，可以每天認真給狗狗吃的一種保養品。不會帶給身體負擔、保養五臟六腑，同時排毒效果也值得期待。當天所累積的自由基，就在當天清除掉。

Aina 農園
https://www.ainafarm.com/
（編註：商品官網已下架）

提升抗氧化力，減輕術後副作用 DN8Plus

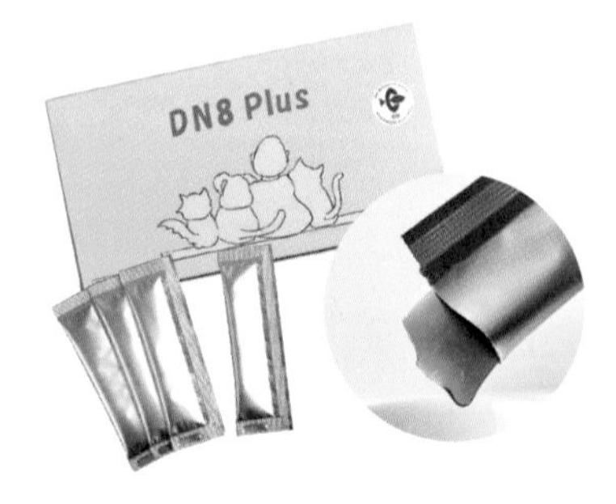

使用免疫療法或營養療法等的自然療法來進行診療的獸醫師宮野法子，為了預防疾病所開發的商品。包含從鮭魚的魚膘精華中萃取的核酸，和薏仁CRD 精華，以及乳酸菌、納豆菌、酵母的共生發酵液的果凍狀補助食品。可與癌症的三大療法併用，有報告指出，術後的治癒力上升或副作用減輕。

（這個時候很推薦！）

對開始做化學療法或放射線等的治療的狗狗特別推薦。可以改善副作用或治療後不適。因為是輔助食品，所以也可在毛孩沒有食欲時輔助或免疫力低下的老齡犬作為保養使用。

DR.NORIKO
http://animalhospital-noriko.com/

提高自癒力、有助抗氧化及抗發炎 馬的胎盤

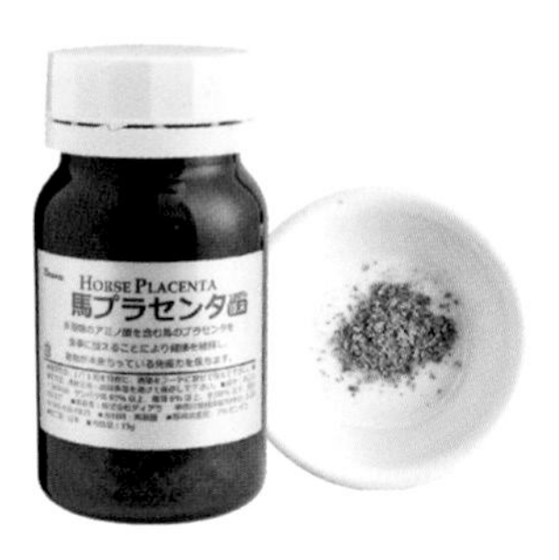

胎盤富含為了讓胎兒發育所必要的三大營養素或維生素、礦物質、核酸、酵素等等。加上含有增強抗氧化力的因子，或是玻尿酸等成長因子，被證明有改善以癌症為首的各種疾病。這個動物用的產品，是沒有添加其他物質的 100%胎盤的食品。

（這個時候很推薦！）

可提升新陳代謝，提高自癒力。可幫助細胞活化，對於不選擇化學療法的狗狗特別推薦。和化學療法的併用，也可期待能幫助提高免疫力，用來輔助治療。

pas à pas
https://reurl.cc/k73Zgx

現在雖然有推出針對狗狗癌症適用的營養補充品，但沒有可以讓每一隻狗狗都有效的特效藥。因此，以目前為止我家毛小孩，或是和我有緣分的狗狗們所教我的寶貴經驗為基礎，介紹實際有得到幫助，或是成分和製造商令人安心的保養補充品。請飼主要和獸醫諮詢後，再遵照各販賣商的指示來餵給。

對排出毒素有幫助

矽的恩惠

矽原本就擁有的自我治癒力、自我免疫力的功能。在歐洲早就已經當成健康元素，特別在德國，聽說以嚴格的品質基準為基本，幾乎在所有的家庭中以常備的家庭用藥而存在。是可藉由水溶性的矽來吸附體內毒素並排出的天然礦物質營養補充品。

（ 這個時候很推薦！）

因為排毒力很優秀，所以請和其他的營養補充品或藥物錯開時間來使用。特別是對腎臟發炎指數很高的狗狗，可當成腎臟保養使用。皮膚上有腫瘤的狗狗，也建議可直接薄薄的塗在患部上。

---

pas à pas
https://reurl.cc/k73Zgx

體力低弱時
使用抗癌藥的時候

冬蟲夏草、靈芝複合配方

所謂冬蟲夏草，聽說是蕈菇寄生在土中的昆蟲上所產生的東西，超過 4000 年以前就被當成不老長壽的藥材而被愛用至今。現在，除了是中藥之外，在日本藥學會等也正在進行有關抗腫瘤性的研究。這個商品，是使用有機的冬蟲夏草和靈芝、國產天然栽培的舞菇這 3 種蕈菇的複方液態營養補充品。

（ 這個時候很推薦！）

在體力非常差，或是想要減輕使用抗癌藥時發生的食欲不振等副作用，或是因癌症所造成的貧血時。因含有褪黑激素或類黃酮等的抗氧化物質，推薦做為預防癌症的營養補充品。

NORA CORPORATION
https://www.nora.co.jp/index.html

減緩疼痛，
改善生活品質

Extra CBD OIL For Pet

CBD OIL 是萃取自大麻的多酚類。名為大麻素的成分，對於免疫系統喪失，或是正常的食欲或睡眠、代謝、平衡的修補效果，值得期待。已有報告發表，對人類的各種疾病治療有極佳的效果，對狗狗或貓咪們，也被積極用在症狀的減緩或改善上。最近在日本也有獸醫開立為處方。

（ 這個時候很推薦！）

在出現很大壓力或食欲不振、失眠（夜吠等）的痛苦症狀時。也有助於減緩疼痛。最近，已經可以買到犬貓用的 CBD OIL 了。

KOKORO 經銷店 Imai Office
http://cbd-kokoro.co.jp/

手作狗狗鮮食後，所感受到大自然的力量！

剛摘下來的蔬菜充滿生命力，非常漂亮。蔬菜中含有各種成分，要視愛犬的狀況給予喔。

每次去市場看到色彩繽紛、琳瑯滿目蔬菜擺在一起，就覺得好漂亮啊！事實上，我透過與癌症共存的愛犬們所設計鮮食食譜的過程中，我再次感受到大自然乃至於動植物所帶來的力量。

這些大自然賦予給我們的天然食材，在罹癌的狗狗身體裡發揮無限大的作用，我打從心底非常感動，很想把很多很好的成分或食材透過這本書介紹分享給大家。

或許有人會問，這樣強大的力量在罹癌狗狗的體內到底能發揮多少作用呢？嚴格來講，並沒有每一樣食材都研究出，到底要吃到多少量才能得到效果，相反的，也不能斷定都完全沒有效果，甚至有些成分可以發揮超過預期的作用。我認為再好的食材都不要太貪心讓狗狗一次吃太多，每天加減一點，採用攝取各式各樣的蔬菜或水果、菇類或海藻等，讓營養均衡。

當然，每隻狗狗的身體狀況有各別差異，而且依消化能力、體力、免疫力、或癌症的狀態等等，也會有不想吃或不肯吃的食材。根據我的經驗，當毛小孩的體力較好時、對抗癌症的較有優勢的時候，會很喜歡吃含有很多抑制癌症的食材，然而相反的，當毛孩身體變虛弱的時候，會變得有不想吃對身體有益的天然食材，就像是以往會大口大口吃富含維生素 C 的水果，突然間連看都不看一眼的走掉。這始終是我憑經驗所感覺到的，並不一定有什麼根據，但卻是我從過去狗狗們觀察到全部都有這種傾向。可當成身體狀況的一種來參考。總結而言，請各位飼主們一定要觀察狗狗身體得狀態，一邊選擇食材！

CHAPTER 3

專為罹癌愛犬設計！增強活力及提高抗病力的點心食譜

對於得到癌症的狗狗，餵食的點心食材也要多用心。因此我要介紹簡單就能做，對身體很好、可以提高免疫力的毛孩點心食譜。在狗狗沒有食欲的時候也很吃得下。請飼主們試著做做看！

1 打成泥就能吃！補給水分的2種果昔食譜

草莓蜂蜜果昔

用草莓和豆漿，製作最強的去除自由基的果昔組合！
同時補充水分和抗氧化營養素，讓毛孩恢復體力。

材料

- 草莓…50g（約2粒）
- 蜂蜜…1/2小匙
- 豆漿（或是羊奶或優格水）…100ml

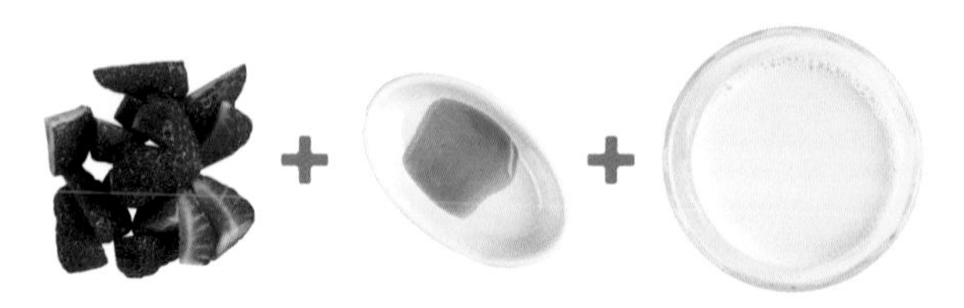

作法

1. 草莓洗淨切成適當的大小，和蜂蜜、豆漿，一起放入調理碗中。

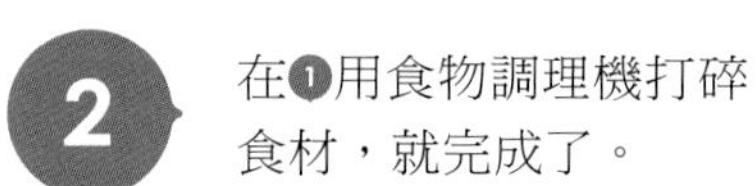

2. 在❶用食物調理機打碎食材，就完成了。

這個時候很推薦！

當毛孩沒有食欲的時候，持續拉肚子且有脫水的時候，可做為水分補給。草莓富含維生素C及抗氧化營養素，和奶或豆漿一起攝取的話，吸收率就會提高。

香蕉肉桂果昔

香蕉高鉀、低鈉，有益心血管健康，也有助腸道消化排出毒素；肉桂可以活血健胃，防止身體過度冰冷！

材料

- 香蕉…50g（約 1/2 根）
- 肉桂…挖耳勺 1 勺
- 豆漿（或是羊奶或優格水）…100ml

作法

香蕉切成適當的大小，和肉桂、豆漿一起用食物調理棒打碎，就完成了。

這道點心的膳食纖維很豐富，可以幫助把毒素或水分吸收，便秘時可促進排泄。做為吃不下的時候的能量來源，促進血清素的分泌，以減緩壓力。

這個時候很推薦！

蘋果的燕麥片

有助整腸健胃，又能提高體溫及免疫力的料理。
蘋果皮的具有抗氧化功效，此外搭配膳食纖維滿滿的燕麥片加強腸胃蠕動。

材料

- 蘋果…50g（約 1/4 顆）
- 燕麥片…1 大匙
- 排毒湯（P.40）（或是水）…2 大匙

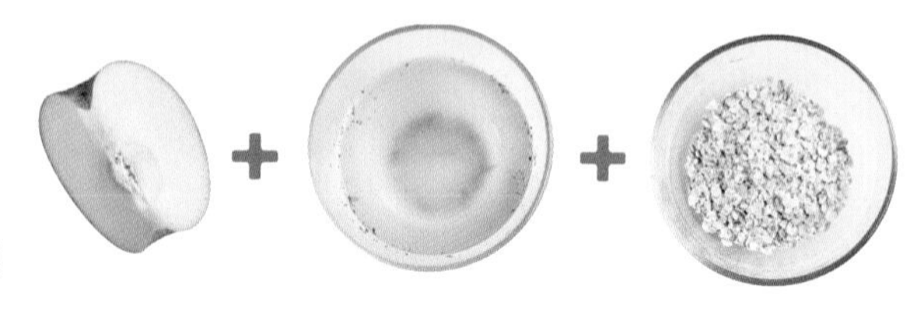

作法

1. 蘋果連皮一起磨成泥，和燕麥片、排毒湯一起放入耐熱的容器中，稍微用保鮮膜蓋一下。

2. 用 500W 微波加熱 1 分鐘，放涼後就完成了。

當狗狗沒有食欲時，或是反覆拉肚子或便秘時，不要給讓腸胃負擔太重的食物，這道料理很就很適合，且要補給水分和維生素、礦物質。蘋果要用小蘇打等把農藥洗掉，連皮一起使用。

這個時候很推薦！

南瓜紅豆湯

這道點心含有紅豆的皂苷可以解毒之外，
南瓜的胡蘿蔔素做為鐵質補給，可淨化血液！

材料

- 南瓜…50g（約 4cm 切塊）
- 紅豆粉…1/2 大匙
- 排毒湯（P.40）（或是水）…100ml

作法

南瓜切成容易食用的大小。紅豆粉放入排毒湯中，攪拌到溶化。全部放入耐熱的容器中，稍微用保鮮膜蓋一下。

用 500W 微波加熱 4 分鐘，把南瓜翻面，再加熱 2 分鐘，放涼後就完成了。

只要攪拌後用微波爐加熱就能完成的南瓜紅豆湯。紅豆有助於淨化，南瓜可幫助血液的清掃。在腎臟機能較弱的時候、身體冰冷的時候很推薦！

胡蘿蔔汁寒天凍

胡蘿蔔素有「小人參」的美譽，因富含 β 胡蘿蔔素有助細胞減緩老化，
此外能維護心臟、提高免疫力等作用，用寒天凝固，吃下去有冰涼效果且有飽足感。

材料

- 有機胡蘿蔔汁 100%（或是胡蘿蔔磨成泥）…250cc
- 寒天粉…2g

作法

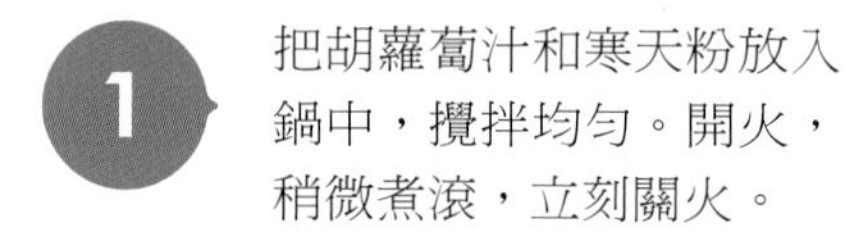

1. 把胡蘿蔔汁和寒天粉放入鍋中，攪拌均勻。開火，稍微煮滾，立刻關火。

2. 把❶倒入模型（製冰盒或章魚燒機、調理盤等），放涼凝固。

這個時候很推薦！

當覺得狗狗沒活力時，或是不願意攝取水分的時候。吃胡蘿蔔寒天凍時，可以在腸內釋放水分，溫和地被身體吸收。若愛犬沒有食欲的時候，請試著加蜂蜜下去做。

西瓜藍莓寒天凍

西瓜可將身體多餘水分排出，
搭配可提高抗氧化作用的枸杞＆藍莓，
製作成果凍不僅可以消暑還能進行夏季排毒！

這個時候很推薦！

在毛孩身體好像發燒的時候或一直喘個不停的時候、水腫而排尿困難的時候等等，西瓜的鉀礦物質能幫助利水退熱。

材料

- 西瓜…小顆約 1/4 顆
- 藍莓…約 20 粒
- 枸杞…8 ～ 10 粒
- 寒天粉…2g

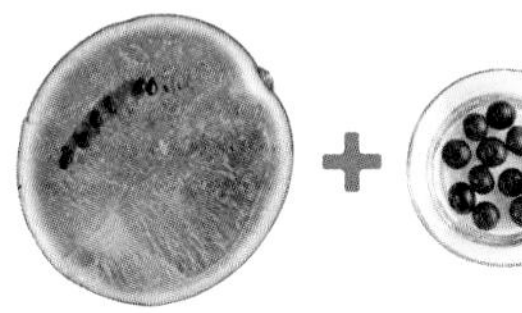 +  +  + 

作法

1 西瓜放在篩網上，壓擠濾汁，製作成 250cc 的西瓜汁。

2 把❶和枸杞、寒天粉放入鍋中，攪拌均勻。

3 開火把❷稍微煮滾一下，立刻關火。

4 把❸倒入模型（製冰盒或章魚燒機、調理盤等），等不燙了後，放入藍莓，放涼凝固。

葛餅風點心

用葛粉和辣木，
製作出提高抗氧化力的滑滑嫩嫩點心！

材料

- 辣木…1g
- 純葛粉…50g
- 黃豆粉…適量
- 排毒湯（P.40）（或是水）…250ml

作法

1. 把辣木、純葛粉、排毒湯放入鍋中，先靜置5分鐘左右。開中火，避免鍋裡的食材燒焦，攪拌2～3分鐘直到變成半透明為止。

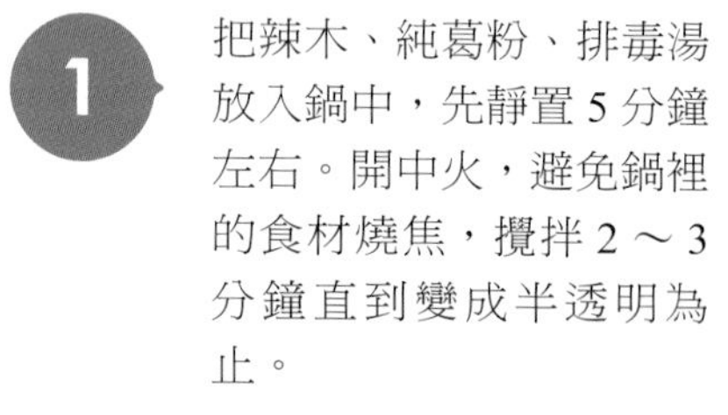

2. 先在調理盤等的容器上鋪上保鮮膜。把❶倒入弄平後，連同容器，用冰水冰到凝固。凝固之後，切成容易食用的大小，撒上黃豆粉，就完成了。

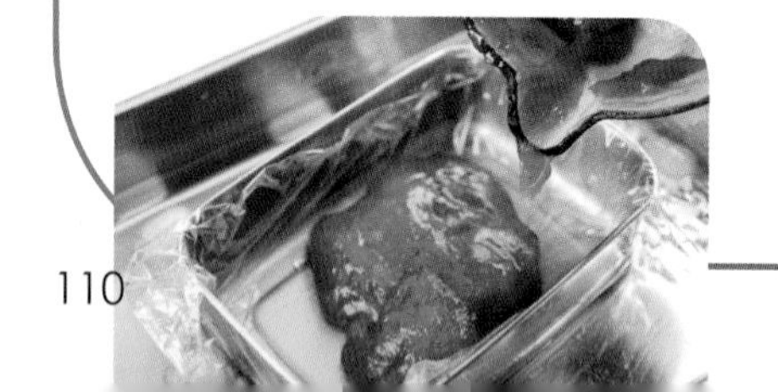

被稱為「奇跡之木」的辣木，是有強化免疫力、神經安定作用、抗氧化作用、活化內臟等，很多的效果值得期待的植物。請試著每天放一點在膳食或點心中。

這個時候很推薦！

葛餅風肉包點心

把狗狗愛吃的肉丸子用葛餅包起來，
吃起來滑滑嫩嫩的使狗狗充滿活力。
也很適合帶到戶外吃！

材料

- 雞胸絞肉…60g
- 乾燥薑粉…挖耳勺 1 勺
- 純葛粉…20g
- 排毒湯（P.40）（或是水）…120ml

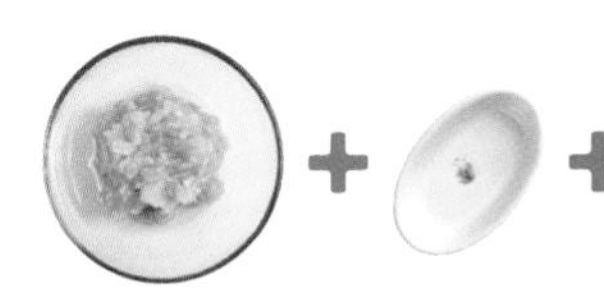 + 

作法

1

雞胸絞肉拌入乾燥薑粉，分成 4 個，先做成丸子狀。做好的雞肉丸子先水煮過，用篩網撈起瀝乾水分。

2

把純葛粉、排毒湯放入鍋中，先靜置 5 分鐘左右。開火，攪拌 1 ～ 2 分鐘左右直到變成半透明為止。

這個時候很推薦！

當狗狗在吞嚥困難的時候，很多東西會不好吃。建議用滑嫩的葛粉包著丸子一起食用，請選愛犬喜歡的肉或魚、南瓜、薯類等會讓牠開心的東西。

3

先準備好約 15cm 正方的保鮮膜。在❷還熱熱的時候，將 2 的 1/4 放在保鮮膜上，上面再放❶的雞肉丸子，像是要用❷把丸子包起來一樣，連同保鮮膜包好轉緊用橡皮圈固定。

4

調理碗中放入冰水，把❸放進去，冰到凝固。其他 3 個丸子也以同樣方式製作。凝固後即可完成。

column

關鍵一招！讓毛小孩乖乖吃藥的方法

一定很多毛孩主人有餵藥的經驗，不論是偷放在飯裡或是飼料裡，狗狗的「好鼻師」一定會把藥挑掉不吃。以我的經驗最好用脫水優格包起來餵給。而脫水優格本身也是發酵食品，又能做出對抗癌有效果的乳清，簡直是一石三鳥。因為適度的黏性很容易處理，不管是錠劑或是粉末都能使用，不妨試試看吧！

藥錠時這樣用

有多狗狗會用舌頭一下就把藥彈出來的錠劑。脫水優格有適度的黏性，可以黏在口中，很難只把錠劑吐出來。請把錠劑用優格包起來後再餵。

粉末時這樣用

也有的狗狗會覺得有味道很討厭而不吃的粉末型的藥。如果包進脫水優格裡的話，在狗狗還沒聞到味道時就大口吃下去，所以很容易餵。

脫水優格的作法

因為每天都吃
對身體
好真開心

要準備的東西

篩網、調理碗、廚房紙巾
無調味優格

作法

1. 篩網放在調理碗上，不要碰到調理碗的底部，篩網上舖廚房紙巾。
2. 把優格放到❶的廚房紙巾上，包上保鮮膜，放入冰箱一個晚上脫水。
3. 把瀝乾水的優格，和留在調理碗裡底部的乳清，各別裝進密封容器等來分開保存。

裝進密封容器中
冷藏或冷凍保存

做好的脫水優格，連同廚房紙巾一起放到密封容器中。廚房紙巾請每天換新。因為脫水能抑制細菌的繁殖，所以冷藏可以放4～5天。如果冷凍的話，有可能保存1個月左右。

瀝出來的水分一
乳清也有滿滿的營養！

脫水後，留在調理碗裡的水分是乳清，是含有很多水溶性蛋白質或乳糖、水溶性維生素類、礦物質成分，被稱為「喝的點滴」。癌症照護的效果也值得期待。不管是加在膳食中，或是直接給狗狗喝都可以。

娜嘉親自教導我，手作鮮食對狗狗身體而言很有多麼重要！

沒想到，在我寫這本書時，在即將就要完成的時候，17年來一直在我身邊陪著我的愛犬娜嘉，踏上了天國的旅程。我隱約覺得，她在等我把這本書寫完吧，但就在看到終點時，她走了。她一定是發現要是等原稿做完之後才走掉，我整個人就會像失了魂，只剩下一具空殼（也許沒那麼誇張）吧。不過，現在不是一再去追憶、悲傷的時候。

她在4年前肝臟腫瘤破裂，已經去了奈何橋頭，有幸又救回來了。從那之後，經過了4年，原本居然有6cm的腫瘤，縮小到2cm以下，在踏上天國旅程的前1週，還大口大口地吃，努力地長身體，這是怎麼一回事呢，她用自己的身體親自教了我。當我重新檢視在肝臟長癌之前的飲食生活，從得到癌症後開始的飲食生活中，只要一點點的錯誤，就會立即顯現出變化，讓我一點一點學會製作良好的狗狗鮮食餐，而這也成為我踏入鮮食世界的契機。

■得到癌症之後，有3件不可鬆懈的事。

1 不可以讓狗狗身體變冰冷。

2 不可以讓狗狗身體的水分平衡失調。

3 不可以讓狗狗一直躺著讓肌肉弱化。

比起讓她吃什麼，首先更重要的是，如果以上這3點鬆懈了，就會變得無法有效利用食物。而要做的三件事：1、每天早晚做溫熱按摩。2、要徹底排出老舊的水分，大量攝取新的水分，不可以讓水分滯留，也不行讓身體乾燥。這可用調整平衡排出水分的食材和攝取水分。3、要每天勤快地去散步，一定要讓身體動一動。不要把她當病人看。這是我4年來盡可能去照護的事。

飲食就用大量當令盛產的蔬菜，搭配各種蛋白質。肉或魚都是每天各式各樣的給。就算是人，如果一個禮拜早中晚都吃雞肉，也會有點受不了。即使只有兩餐連續吃，也要換一換！再來就是，不亂給各種營養保養品，最多1～2種。為的始終是加強自我治癒力。若是換一種保養品的時候就要一邊觀察身體狀態，一邊交替替換。娜嘉多出來的四年，我過了充滿愛與幸福的每一天。

CHAPTER 4

5大作戰計畫！專為食欲不振愛犬設計的點心食譜！

當愛犬癌症病情加重，食欲就容易減退。在這個時候如果他肯吃，就會覺得開心而放心了。雖然不應該勉強他吃，但不吃是無法好好對抗疾病，我私藏的5大作戰計畫，希望能提供飼主讓愛犬好好進食。

作戰計畫1

利用料理法來提高適口性！

據說狗狗的嗅覺敏銳度竟然是人的1億倍，也和記憶直接連結，聽說味道只要聞過一次就會被保存在記憶中。因此，過去吃過很喜歡的食物味道，會成為刺激，也有可能增加食欲。當食欲變差的時候，多加一道步驟，讓香味更明顯是重點。冷的食物就加熱，或是用手拌一拌加進愛犬最愛的味道也有效。另外，烤一烤或是煙燻，或是做成容易入口等等，請儘可能去試試看。當食欲無法恢復的時候，要盡快去醫院。

食欲不振的飲食重點

（儘可能用單一食材）
沒有食欲的時候，不管是嗅覺或是內臟，都不會接受複雜的味道。只有肉，或只用蔬菜等等，不要亂七八糟地混在一起，請試著把單項食材各自料理成一道，分成小分量來餵。

（刺激嗅覺來提高食欲）
當毛孩願意開始吃東西，這個時候，也可以藉由刺激嗅覺而分泌唾液並引誘食欲。為了讓味道變強，請試試燒烤、煙燻等方法。

（適時讓腸胃休息）
野生的動物在身體不適的時候，會斷食並靜待身體恢復，一樣的，藉由讓消化器官休息一事，就能優先修復細胞或是恢復體力。也和提高自我治癒力息息相關。

刺激嗅覺的料理法

藉由讓魚或肉微焦，可增加風味，刺激食欲。大部分對水煮肉不感興趣的狗狗，都會吃得很開心。但是，因為蛋白質燒焦，並不推薦給預防癌症的狗狗食用，所以加熱時間要很短。

用油炒

平底鍋滴幾滴芝麻油或是橄欖油，或是使用不沾鍋的平底鍋，表面稍微煎一下。建議用容易熟的薄切肉片或是薄片的魚肉。

用烤爐來烤

不用抹油，就能把多餘的油脂烤掉。因為短時間就會進入高溫，所以維生素的殘存率很高，因此建議蔬菜也一起烤。小心不要烤太焦，燒焦請清除掉。

用火炙燒

如果直接用火把表面稍微炙燒一下的話，因為會稍微有一點焦焦的，所以香味就會大大提高。之後，再用煮的或蒸的來加熱。如果是生魚片或生食用的，藉由表面炙燒，還可以殺菌。

沾麵包粉來烤

雖然有點費工，但意外地得到好評的是麵包粉燒烤。肉或魚塗上溶於水的米穀粉或麵粉，再撒上麵包粉，放進烤爐烤。因為麵包粉是需要控制攝取量的醣類，所以是我的最後大絕招。

也可以在麵包粉裡混合香鬆

在麵包粉裡混入狗狗喜歡的配料（P.68）或是排毒湯（P.40）的原料、香鬆（P.118）等，試著提高適口性或營養。混入的量，大約是麵包粉的三分之一以下，多一點或少一點都可以！

作戰計畫2

自製各式香鬆提高食欲！

經常聽說小孩在沒食欲的時候，撒點香鬆或肉鬆就會乖乖吃。其實毛孩們也是很喜歡吃香鬆的，雖然市面上也有賣，但如果只是把水分弄乾，變成乾燥的食材用磨粉機打成粉末，那麼即使在自家也能簡單做出來。很多的食材，是藉由乾燥，可以提高營養價值的！也有資料顯示，把菇類乾燥後，營養價值變成 **6** 倍。另外，藉由把水分弄乾，可以防霉或防止腐敗，可以長期保存。請製作各種香鬆，混合在一起，讓飯飯「變味」享受膳食樂趣。

將食材乾燥的3種方法

把食材乾燥的方法，從必須要有設備的方法到只要有太陽就能辦到的方法，依食材的性質，找出適合的方法。首先用簡單就能做到的方法試試看！

食物乾燥機

>> 所有的食品都推薦

也能製作肉乾等的食物乾燥機，因為是以低溫慢慢地讓食材乾燥，所以不會喪失食材本身所擁有的食物酵素就能做出來。所有食品皆可使用，只要有一台就很方便。

日曬曬乾

>> 適合菇類或蔬菜、水果

在天氣好的日子，把食材均攤放在竹篩上，放在戶外曬乾的方法。除了能立刻開始做之外，受到太陽的能量，營養會提高。但是，沒有鹽分的生肉或生魚不能使用這個方法。

加熱

>> 適合肉、魚

用烤箱烤，或是用微波爐讓食材乾燥。因為藉由加熱可以殺菌，安全性也會提高，但因為高熱處理，酵素會大大減少，一部分的營養素會被破壞掉。

撒在乾飼料上
食欲＆營養更提高！

只要撒在處方飼料或常吃的乾飼料上，就能讓適口性和狗狗的興奮度提高！依據不同的食材，也可做營養補給或提高免疫力。因為乾飼料和香鬆幾乎都沒有水分，所以請別忘了水分補給。

要撒滿滿的喲♪

香鬆的基本作法

好興奮哦

材料

雞里肌肉、雞肝、牛瘦肉、豬肝、
鰹魚半敲燒（用稻草炙燒過表面的鰹魚生魚片）、生鮭魚等喜歡的肉或魚

作法

1. 將肉類薄切之後，用湯匙等敲打變薄延展開。

2. 用食物乾燥機等讓食材乾燥。

3. 把變成乾燥的食材，剪成適度的大小。

4. 用磨粉機打成粉末。

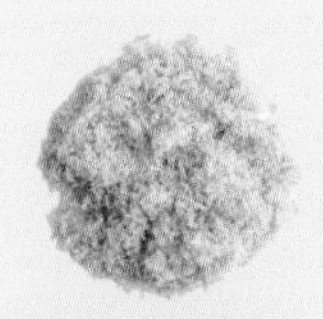

雞肌里肉

泛酸或維生素 B_6 很豐富。高蛋白又低卡路里。

雞肝

維生素和礦物質很豐富的食材。請儘量使用新鮮的。

牛瘦肉

富含鋅、維生素 B_{12}、B_6、鐵質。也是能製造出幸福荷爾蒙的成分。

豬肝

是在各種動物肝臟之中最高蛋白的。鐵、鋅也很豐富。注意不要攝取過量。要選新鮮的。

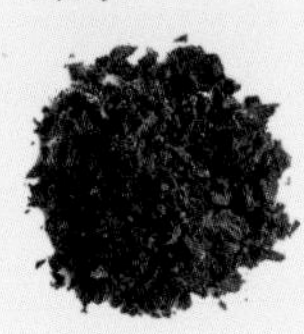

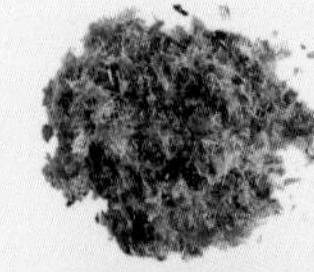

鰹魚半敲燒

有春和秋，二次盛產。牛磺酸很豐富，也能提高肝臟機能。

生鮭魚

紅色的蝦紅素有強力的抗氧化作用。適口性也很高，是希望要常備的食材。

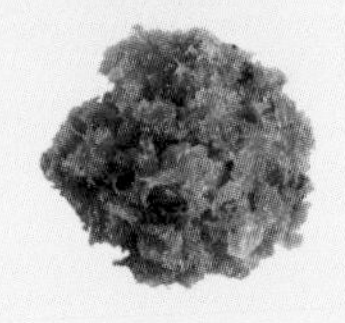

蔬菜水果、菇類的場合

材料

蘋果、香蕉、舞菇、
香菇等等

作法

1 水果或蔬菜**盡可能切成薄片**。菇類撕開成小朵。
2 用**食物乾燥機**，或是均攤放在竹篩上用日曬的方式**讓食材乾燥**。
3 **變乾的食材，用磨粉機打成粉末**。

請選天氣好的日子喲

舞菇

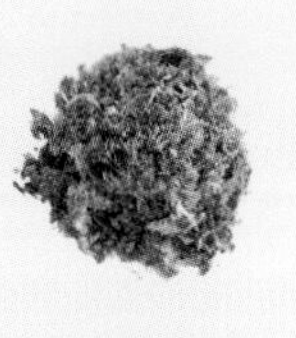

常被用在營養補充品中，藉由乾燥，營養價值會變成 5～6 倍。

蘋果

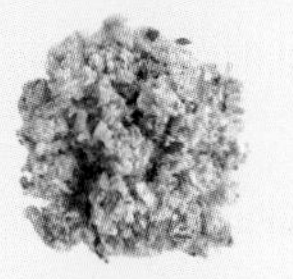

連皮一起乾燥，據說維生素 C 會高達 50 倍。

香蕉

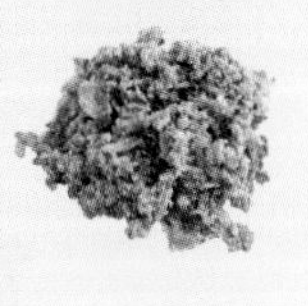

雖然維生素 C 會減少，但膳食纖維會提高到 7 倍，β 胡蘿蔔素到 15 倍。

乾貨的用法

材料

高野豆腐
麩等等

作法

用磨泥板磨成粉末。

高野豆腐（冷凍乾燥豆腐）

含有豐富的抗氧化作用很高的異黃酮。

粉末狀的食材的場合

材料

海苔粉、芝麻粉、柴魚片
蝦皮、羊奶粉等等

作法

直接撒上去即可！

海苔粉

含有均衡的營養素，也很香。對拉肚子、便秘有幫助。

芝麻粉

不飽和脂肪酸很豐富，抗氧化作用也很高，注意不要給太多。

柴魚片

活化細胞，促進新陳代謝。請選鹽分低的產品。

蝦皮

鈣或甲殼素很豐富。大塊一點的可以用手弄碎。

作戰計畫3

不肯吃飯時的4款即食料理！

當盡力照顧狗狗時，也會有覺得疲憊的時候，當飼主已經做了很多，狗狗卻不肯吃的話，心會更累。因此，在這裡介紹超簡單而且狗狗也比較願意吃，更能優先補給水分的食譜。在虛弱狀態的時候，如何讓牠攝取水分是很重要的。

麵包布丁

只要把麵包撕成小塊，浸泡到奶中，就是麵包布丁。
奶即使換成豆漿或肉湯，或是什麼都 **OK**。
這道鮮食，不可思議的狗狗都很愛吃！

材料

- 吐司麵包…20g（約 8 片裝的 1/2 片）
- 羊奶…120 ～ 150cc

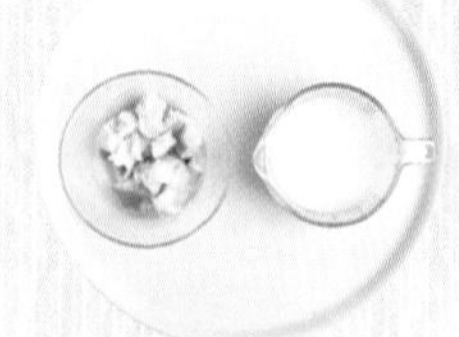

作法

1. 把吐司麵包撕成容易食用的大小。
2. 把 1 浸泡在羊奶中，整個泡軟就完成了。

（食欲提高的POINT）

大家最喜歡的羊奶
讓狗狗吃得津津有味

羊奶的乳脂球和蛋白質很小，因消化酵素的作用，在體內的消化吸收會很快。營養價值也很高，可同時攝取水分和營養，在吃不下的時候特別推薦。

焗烤羊奶麥麩

麵包布丁的進化版，將裡面加的料，換成麩或薯類都 OK。請浸泡滿滿的奶。再加入鮪魚片，輕鬆就能補給蛋白質。

材料

- 羊奶…100 ～ 150cc
- 麥麩…20g
- 減鹽鮪魚罐頭…25g
- 莫札瑞拉起司…40g

作法

1. 把麥麩浸泡在一半量的羊奶中。
2. 烤箱用 180℃預熱，把 1 和瀝掉油的減鹽鮪魚罐頭、莫札瑞拉起司、剩下另一半的羊奶放入耐熱容器中，烤 8 分鐘就完成了。

（食欲提高的POINT）

好消化的麥麩
徹底用羊奶泡軟

常作為小菜的麥麩，也能使用在狗狗食欲不振時，好消化的食品中。蛋白質或礦物質也很豐富，營養價值也很高。取代羊奶用蛋液來泡也 OK！

甜酒炒蛋

因為蛋是簡單就能攝取到的、均衡良好的蛋白質來源，
所以只要不會過敏，在吃不下的時候，更是推薦。
取代甜酒，使用蜂蜜或黑糖等也很推薦。

材料

- 蛋…1 個
- 甜酒…1 大匙
- 豆漿…100cc

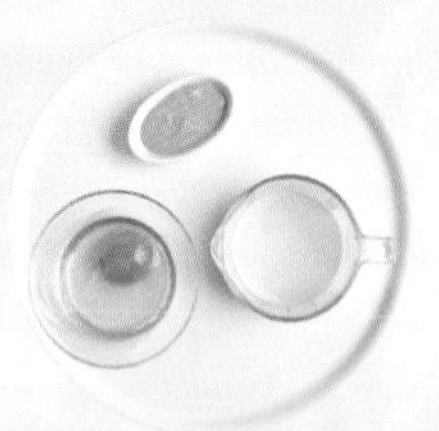

作法

1. 蛋和甜酒混合，均勻打散。
2. 平底鍋加熱倒入芝麻油（材料表外。不沾鍋等的場合可以不要用），把 1 倒進去，炒散即可。
3. 把 2 盛放到狗碗中，加入加熱到人的肌膚溫度的豆漿。

只放了喜歡的東西！

（食欲提高的POINT）

適口性高的蛋
用炒的來增加食欲

適口性高的蛋，炒過之後更能提高食欲。為了盡可能不要破壞營養素，加熱時間要縮短，和油結合後，維生素的吸收率會提高。

蘿蔔煎餅

在中式點心裡也經常看得到的蘿蔔餅，
比外觀看起來更容易做，對消化很好，又容易吞食。
裡面混合的餡料也可自由變換，也很推薦加入蝦皮或大麻籽也增加香氣。

材料

- 蘿蔔…200g（約 4cm）
- 豬五花肉…50g
- 米穀粉（或是低筋麵粉）…4 ～ 6 大匙
- 太白粉…2 ～ 4 大匙

作法

1. 蘿蔔磨成泥。豬五花肉切細碎。
2. 平底鍋加熱，炒豬五花肉（因為肉會出油，所以不放油）。
3. 把 1 的蘿蔔和 2 的豬五花肉、米穀粉、太白粉放入調理碗中均勻混合，做成圓球狀後壓平，做成直徑約 8cm 左右的圓餅狀。
4. 平底鍋加熱，倒入少量的油（材料表外），把 3 的兩面煎熟即可完成。

食欲提高的POINT

請加入豬五花肉等愛犬喜歡的食材

豬五花肉脂肪很多，即使少量也有高熱量。另外，因為磷很少，所以不會給腎臟造成負擔。在這裡雖然加了適口性高的豬五花肉，但給愛犬喜歡吃的東西也可以。

作戰計畫4

水分及營養補給的湯品食譜4

即使吃不下，也希望能好好攝取水分。雖然吃不下固體的東西，但如果是湯狀的話，好像多少會吃一下，或是可以用注射器等來餵。是推薦給癌症末期的簡單湯品。排毒湯（P.40）就很方便。

玉米濃湯

在從初夏到盛夏很推薦，使用新鮮玉米。
可以成為能量，也有抗氧化作用。
連玉米鬚一起燉煮，也能幫助利尿排出老廢物質。

材料

- 玉米（含鬚）…可食用部分100g（約1/2根）
- 奶油…3g
- 雞骨高湯冰塊（參照P.41）…約50cc的量
- 豆漿（或是水）…100cc

作法

1 把玉米從芯刮下來。
2 奶油放到鍋中煮到溶化，把玉米和玉米鬚放下去炒後，加入雞骨湯冰塊和玉米的芯，玉米煮到軟為止。
3 加入豆漿，稍微煮一下，把芯拿出來後，倒入調理碗中，用食物調理棒打成糊狀就完成了。

食欲提高的POINT

玉米芯也一起燉煮，提高甜味

玉米的芯裡有稱為丙胺酸的甜味成分，一起燉煮，可增加甜味，據說也可幫助腎炎的保養。使用奶油，更提高適口性。

請連皮一起
煮成湯

地瓜胡蘿蔔湯

料理時間 10分

這道湯品的膳食纖維很豐富，可排出老廢物質或調整腸內環境。
地瓜富有甜味，也是做點心的人氣食材。
營養豐富的皮一起使用，搭配胡蘿蔔，可以提高抗氧化力。

（食欲提高的POINT）

地瓜用奶油炒過，
風味更提高

地瓜用奶油炒過，適口性更超群！提高能量＆適口性來增強威力。豆漿用羊奶代替也可以。

材料

- 地瓜…100g
- 胡蘿蔔…20g（約 2cm）
- 奶油…3g（有食欲的狗狗不需要）
- 排毒湯冰塊（參照 P.40）…約 50cc 的量
- 豆漿（或是水）…100cc

作法

1. 地瓜切成適當的大小。胡蘿蔔磨成泥。
2. 奶油放到鍋中煮到溶化，把❶的地瓜放下去炒後，加入排毒湯冰塊，地瓜煮到軟為止。
3. 加入豆漿和❶的胡蘿蔔，稍微煮一下後，倒入調理碗中，用食物調理棒打成糊狀就完成了。

羊奶豬肝湯

用營養價值高的肝和剩餘蔬菜高湯，
即使只有少量攝取，也能成為效率良好的能量。
也可分成小份冷凍保存，但儘量以新鮮的狀態餵食。

材料

- 豬肝…30g
- 羊奶…150cc
- 剩餘蔬菜高湯冰塊（參照 P.41）（或是水）…約 50cc 的量
- 芝麻油…少許

作法

1. 豬肝切成適當的大小。
2. 芝麻油倒入鍋中，把❶的豬肝炒過後，加入剩餘蔬菜高湯冰塊，煮到熟為止。
3. 加入羊奶稍微煮一下後，倒入調理碗中，用食物調理棒打成糊狀就完成了。

（ 食欲提高的POINT ）

**豬肝用芝麻油炒
可提高風味和香氣**

豬肝藉由用芝麻油炒過，來提高風味和香氣，刺激食欲。肝和油一起攝取，可以提高保護黏膜或有抗氧化作用的維生素 A、E 的吸收率，也令人開心。

優格水

料理時間 1分

作法超簡單，對補給水分和保護黏膜，非常推薦。
即使不肯喝，如果這麼簡單就能做，也沒什麼好可惜的。
不妨試著早中晚都餵一點看看。

材料

- 無糖優格⋯1大匙
- 水⋯隨意放50～100cc

作法

1 只要把優格和水放入容器中，拌勻即可。

（食欲提高的POINT）

加點蜂蜜
可以提高適口性！

很多狗狗很喜歡的優格，其中益生菌可調整腸內細菌的平衡，對免疫力有很大的幫助。如果這樣不喝的時候，請試著加蜂蜜看看。

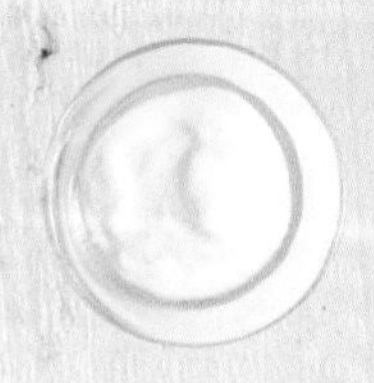

作戰計畫5

增添燻製香味提高適口性

增添可促進食欲的適口性滿點的香味，在食欲時好時壞的時候，或是貧血等想找一個契機讓狗狗開始吃東西的時候，煙燻的食物可成為誘導食欲之用。另外，因為成品就像肉乾一樣不會太硬，比較軟，所以不管是什麼犬種或是年齡，都很容易餵也是煙燻的魅力。

燻製依溫度和時間，有熱燻、溫燻、冷燻的 **3** 種方法，這次介紹的是用 **80**℃以上燻製 **10** ～ **40** 分鐘左右的熱燻的方法。在自宅也能簡單做的燻製，請務必試著挑戰看看。

燻製的推薦食材

基本上是推薦肉或魚、貝類等的蛋白質。若能藉由給主食增添香味，讓狗狗肯吃東西的話，就能放心了。要使用什麼木屑才好呢？像這樣因為藉由選木屑可享受各種香味的樂趣，所以飼主也一起開心享受吧！

肝臟

內臟類的食材味道本來就很強，會讓狗狗很興奮。維生素 A 很豐富，所以注意不要給過量。

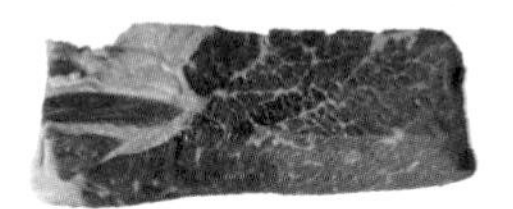

牛瘦肉

牛的瘦肉中鐵質很豐富。因為很容易變硬，所以請斷筋後，切成薄片再燻製。

雞里肌肉

雞里肌肉因為也可以用手撕，所以整條煙燻會比較多汁，不會乾乾柴柴的。

雞胗

即使少量也能攝取到適量的蛋白質。鋅或鐵也很豐富，最適合胃口小的。

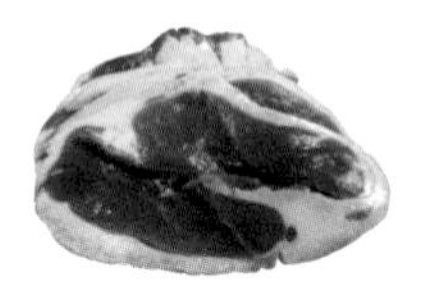

鴨肉

維生素 B_2 的含量超級豐富，對消除疲勞有效。鴨肉的脂肪熔點很低，不容易累積在體內。

鹿肉

因為野生的鹿沒有使用藥物，所以是令人安心的食材。可幫助溫熱身體。

鮭魚

把大家熟悉的鮭魚煙燻之後撕碎放在膳食上，也可能讓膳食的味道完全不一樣。

鰹魚

生的鰹魚或半敲燒等，加熱後香味會變得更好，促進食欲。

香魚

整隻煙燻，連魚骨和頭全部都能吃。可補給維生素、礦物質。

鵪鶉蛋

鵪鶉蛋水煮後剝殼再煙燻。做成半熟蛋，濃稠的蛋黃流出來，狗狗也會很愛吃。

雞體內卵

便宜而營養價值也很高的雞體內卵。煙燻之後磨成粉，當成配料來用也很棒！

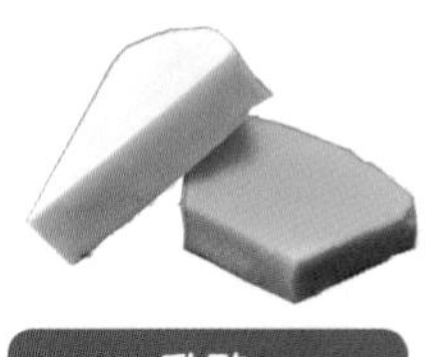

乳酪

因為會融化，所以請放在用鋁箔做的盤子上，縮短時間來燻製。

燻製的製法

要準備的東西

煙燻用木屑

推薦混合型的比較不會有問題。櫻木有很強的香味，蘋果櫟木聞起來香甜又溫和等，也能享受不同的樂趣。

附蓋較深的鍋子

蓋子和鍋子一組的類型，或是中華鍋配上尺寸合得起來的蓋子也OK。

附腳架的圓型烤網

在日本百元商店都找得到的附腳架的烤網。因為要放食材在上面，所以能放進鍋子裡就可以。

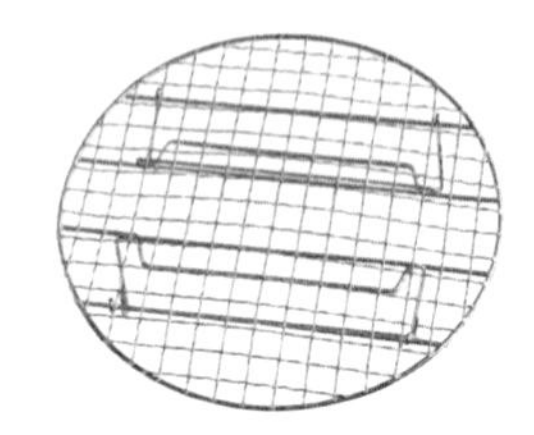

鋁箔紙

為了用來把鍋子和蓋子整個包起來的鋁箔紙。如果可以，建議用厚的材質。

滲透壓脫水膜

可幫助快速把食材的水分吸收並脫水的脫水膜。對省時料理來說也是便利的道具。

蒸籠（如果有）

事先蒸過，可安全又快速地把香味附著上去。如果沒有，用水煮也可以。

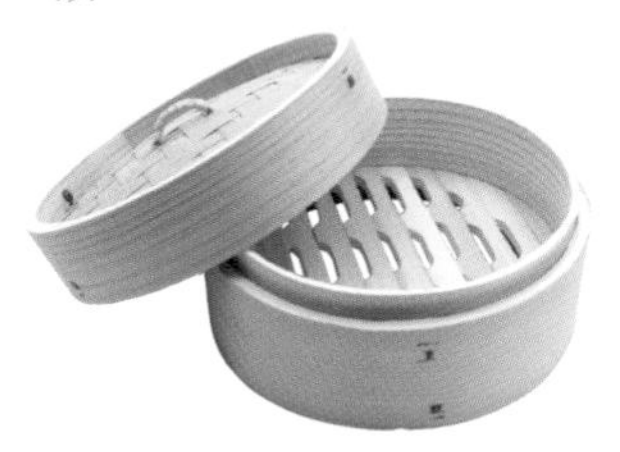

先浸泡在排毒湯裡
讓風味和營養提高

藉由把食材浸泡在排毒湯（P.40）半天到一個晚上，可讓食材變軟，或是增加營養價值，或是提高風味，讓適口性上升。在用脫水膜脫水之前，請先試著浸泡一下。

作法

1

各種食材先用滲透壓脫水膜包好，放在冰箱一個晚上（8 小時左右），先徹底把水分脫乾。

2

把❶的食材放在蒸籠等蒸 10 分鐘左右，徹底加熱（或是用水煮也 OK）。

3

為了避免鍋子變色，把鍋子內側和蓋子內側用鋁箔紙包起來。

4

鍋子底部，舖上 10 ～ 15g 左右的煙燻用木屑。

5

在煙燻的木屑上面，放上附腳架的圓形烤網。

6

在圓形烤網上面，不要重疊，把食材並排放。

7

用大火加熱，等到煙出來後，轉成中火，再加熱 10 ～ 15 分鐘。

8

食材煙燻上色後，就完成了。

FINISH!

column

可在家自己做的提高食欲及提高血液循環的經絡身體保健

所謂「經絡」是指氣、血、水流動的、像「路」一樣的東西。從穴道到穴道，以線路狀分佈在全身，不淤塞而順暢流動，就是健康又能取得平衡的狀態。當狗狗身體冰冷而沒有食欲時，可能是「頭熱」不適。藉由溫熱經絡，讓經絡暢通改善頭熱，就會給食慾帶來刺激，幫助身心放鬆。

狗狗經絡身體保養的要點

1. 動作要慢慢的，做5～15分鐘左右
2. 可以的話，前肢要先搓熱
3. 避開吃飽或空腹的時候
4. 不管是按壓或是撫摸時都要輕柔
5. 飼主要做深呼吸，調整心情

狗狗也可以針灸

台灣和日本都有狗狗接受針灸的獸醫院。飼主和狗狗有很多在身體狀況或心理方面會有共同的問題，若能接受調整的話，不可思議地症狀會得到緩解。作者本人和狗狗也常定期性地一起去針灸，實際感受到效果日增。

DATA 針灸治療的注意事項

須由有經驗的獸醫以狗狗當時的患病程度，來判斷是否可以接受針灸治療。此外，若有懷孕或是正在接受類固醇治療的狗狗，就不能接受針灸。

治癒食欲不振時的按摩方法

沒有食慾的時候，也有可能是內臟不適，但很多都是「頭熱」的狀態，熱集中在頭部，而身體卻冰冰冷冷的狀況。首先是要「降熱」。身體恢復溫熱後，就會幫助改善胃腸的機能。

1. 從頭的上面經過背部到尾巴的根部，用手輕柔地往下撫摸。一邊用指腹輕輕按壓脾俞穴和胃俞穴。
2. 從位於腹部的中脘穴附近開始，往脖子輕輕地往上撫摸。不要按壓。
3. 從下巴往嘴巴方向，輕輕地往上撫摸。
4. 輕輕按壓位於眉毛附近的攢竹穴周邊。
5. 輕輕抓住耳朵，溫柔地轉圈。
6. 和❶一樣的，從頭經過背部往尾巴的根部向下撫摸，結束。

溫熱推拿的身體保養

一般而言，如果體溫下降1℃，免疫力就會下降30%。在罹癌的時候，維持免疫力，不讓體溫下降是非常重要的。按照以下的步驟，一邊把重點放在可對從心臟到肝臟產生作用的穴道，一邊溫熱推拿，就能維持體溫並成為為了盡可能讓內臟正常運作的支援。使用裝了熱水的保特瓶，不要用力按壓，而是像輕輕貼著一樣的，以「好暖呀～」的感覺，慢慢地沿著經絡線往下按摩吧。

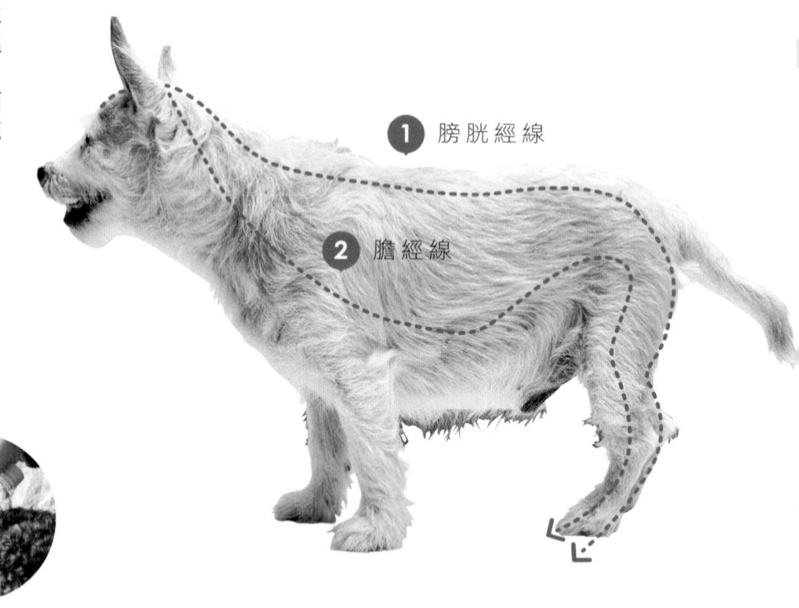

要準備的東西

裝了40～50℃的熱水的耐熱保特瓶

1

在膀胱經線上有很多和內臟相關的重要穴道。從兩邊眉頭開始，直直地越過頭部往背骨左右兩側到屁股，再從尾巴的旁邊經過腳的後面往腳底方向，輕輕地來回滾動。

2

暖暖的
好舒服～

藉由刺激膽經線，不只能控制肝臟機能，還能調整全身的肌肉或血量，調節自律神經。從兩眼眼尾開始，經過耳朵周圍，往肩上、身體側邊、腰側、腳的外側來回滾動。

頭熱降氣保養

在「頭熱」的狀態下，睡眠也會很淺，會焦慮不安，變得很難放鬆。藉由按壓頭部的穴道，幫助讓「熱」或「氣」降下來。請用把牙籤束的尖端輕輕放在穴道上的感覺，幫狗狗每一個地方按壓 10 ～ 30 秒左右。

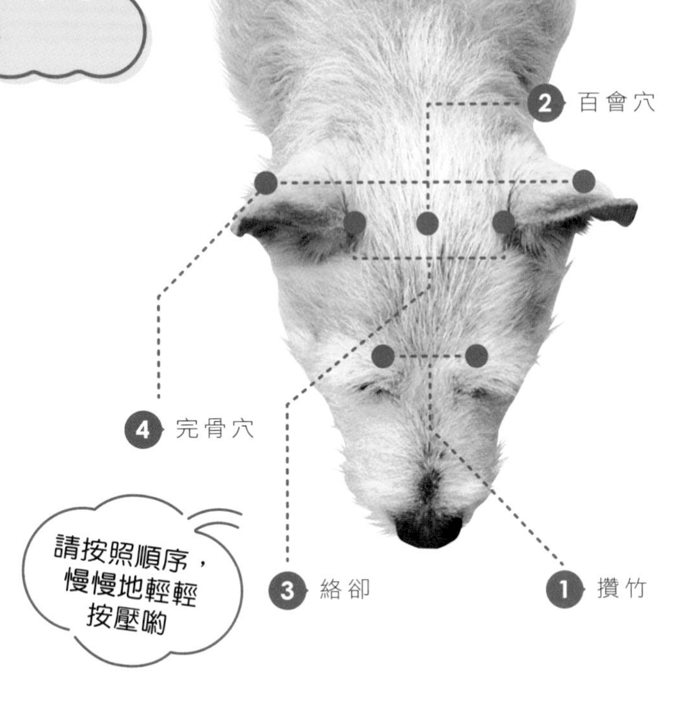

要準備的東西

把 10 根左右的牙籤
集中成一束
用橡皮筋固定好

1

首先要按壓位於兩邊眉頭的「攢竹」。因為是氣集中的穴道，所以可期待有降氣的作用。也有消除眼睛疲勞的作用。

2

位於連接外耳道的頭部正中央的是「百會」。具有調整自律神經的作用，也和緩解壓力或消除疲勞息息相關。

3

位於頭頂的左右，耳朵的根部的是「絡卻」。絡是絡脈的意思，是指細小的血脈。是具有去除血脈作用的穴道。

4

位於耳後的凹洞是「完骨」。是能確認是否水腫的穴道，如果鼓鼓的感覺，就有水腫。是可改善從脖子到頭部的血流的穴道。

column

做為輔助療法而備受矚目的「丸山疫苗」是什麼？

對我們也
有效果嗎？

原本是以人類皮膚結核病的治療藥物而誕生的「丸山疫苗」。從結核病患者得到癌症的人很少一事為開端，而演變為做為癌症治療藥物也受到注目。到底是什麼樣的治療藥物呢？我們請教了寵物醫院的清水醫生。

俵森：現在，我周遭有打過丸山疫苗的狗狗，給人感覺「其實是做了化療吧？」的錯覺，好像食欲或運動量都好多了。

清水：好像也有病患感覺到有效果了。不過現在，無法得到動物用的丸山疫苗。也是用和丸山疫苗相同成分但濃度不同的「**Ancer S.C.Injection**」。這也是人類用的醫藥用品，適用於由放射線療法產生的白血球減少症。

俵森：這樣啊。那還是有效嗎？

清水：應該還有 **3** 成的效果。不是對 **3** 成的狗狗有效的意思，而是再加 **30%** 的效果的意思。這不是主要的治療，而是以平常的治療法再＋ α 的使用法居多。因為幾乎沒有副作用，所以我認為併用比較好哦。

俵森：人類也是一樣，要和化學療法等併用嗎？

清水：我是覺得這樣比較好。話雖如此，我對癌症治療的看法，癌有「癌細胞」和「發炎」這 **2** 種的構成要素。一般要減少癌細胞，可用手術切除，或是用放射線電燒，或是給抗癌藥物。例如，即使用抗癌藥物只有攻擊癌細胞，也不可能把癌細胞清零。就算是暫時數量減少了，但會產生抗性，引起發炎，或是讓臟器受損，變得吃不下飯的案例也是有的。

俵森：原來如此，的確是。

清水：那麼，來談談免疫力，免疫力和發炎，就像是正和反的關係。例如，使用抑制發炎的藥後，暫時可以治療紅腫，但長期使用的話，免疫力也會下降。相反的，明明平衡失調，卻單純只做提高免疫力的治療，結果因癌症而引起發炎。要取得癌細胞和發炎的平衡，同時還能治療，必需要有數種方法併行。

這個意思就是說，丸山疫苗雖然是好藥，以很濃的濃度去打，腫瘤雖然會變小，但卻沒有延命效果。濃度淡的話腫瘤雖然不會變小，但卻有延命效果。治療也是要推一下退一下，是很重要的，能做得到這一點才行喔。

俵森：用量增減是很重要的哦。

ACACIA 動物醫院

位於東京都小平市，以自然療法為中心的門診專門的動物醫院。為了能讓動物們把自我治癒力發揮到最大極限，不進行外科或住院、麻醉，因應需求，進行以針灸、順勢療法、臭氧療法等組合治療。

DATA

東京都小平市仲町 210-2
Avenue Heights 石川 101
TEL：042-343-9219
http://www.acacia-vet.com/
※ 完全預約制

清水無空醫生

ACACIA 動物醫院副院長。積極採取臭氧療法或免疫療法、飲食療法等，以科學性的根據為基礎的新型治療。聽說看診的半數以上都是癌症，而且是末期的動物。

清水：本來免疫力沒有下降的話，就不容易得到癌症，但是進入高齡期後，免疫力就會下降到一半以下。特別是消化器官的免疫很重要，如果不用飲食或營養補充品來調整好的話，腸內環境不好的毛小孩，即使用了最好的抗癌藥也不會有效。

俵森：如果能讓狗狗好好吃飯先打好基礎，在剛開始做癌症治療就會有效。是不是在早期就開始治療比較有效果呢？

清水：是啊。丸山疫苗有調整免疫的短期作用，和用膠原蛋白把腫瘤封起來的長期作用，要實際感受到長期作用的發揮，要花幾個月到 1 年左右。也有使用在腫瘤除後的預防的方法喔。

俵森：費用大概要花多少呢？

清水：本院的場合，如果每隔一天飼主在自宅幫狗狗施打的話，一個月是 1 萬幾千日元左右。

俵森：比想像的還便宜喲。

清水：用皮下注射就能給藥，是很大的優點。藥或營養補充品、飲食等，透過腸道進入體內的，有時依腸子的狀態，有可能不被吸收就排泄出去了，但如果注射的話，能經由皮下免疫的方式，確實得到效果。

俵森：也有患者去是「想打丸山疫苗」的嗎？

清水：偶爾會有人詢問，但這原本就不是針對癌症的特效藥，而且治療是講究平衡最重要。我希望還是要和主治醫生好好討論後再決定。

俵森：不是要和癌症對抗，而是為了能安穩地生活，這好像成為一種選擇了嗎？

清水：是啊。我覺得對疼痛也很有效果，而且對安寧照護也不錯。要讓癌症消失是很難的，但高齡犬雖然長癌，但如果能正常吃飯生活，可以維持那隻狗狗原本就有的壽命繼續活下去就好。要以這個為目標讓他開心過日子。

俵森：的確，最高的目標，就是開心地慢慢老去。

附錄「給與癌症共存的狗狗，推薦食材一覽表」的活用方法

為與癌症共存的狗狗們，把一整年間希望每天都能採用的食材做成一覽表，因此，請貼在冰箱等上面來活用。

為了要與癌症共存，按希望要採用的每個要素，來分類食材。在一餐的膳食中，並沒有必要使用所有的要素，建議以一週為基準，把各分類的食材全都餵一遍。

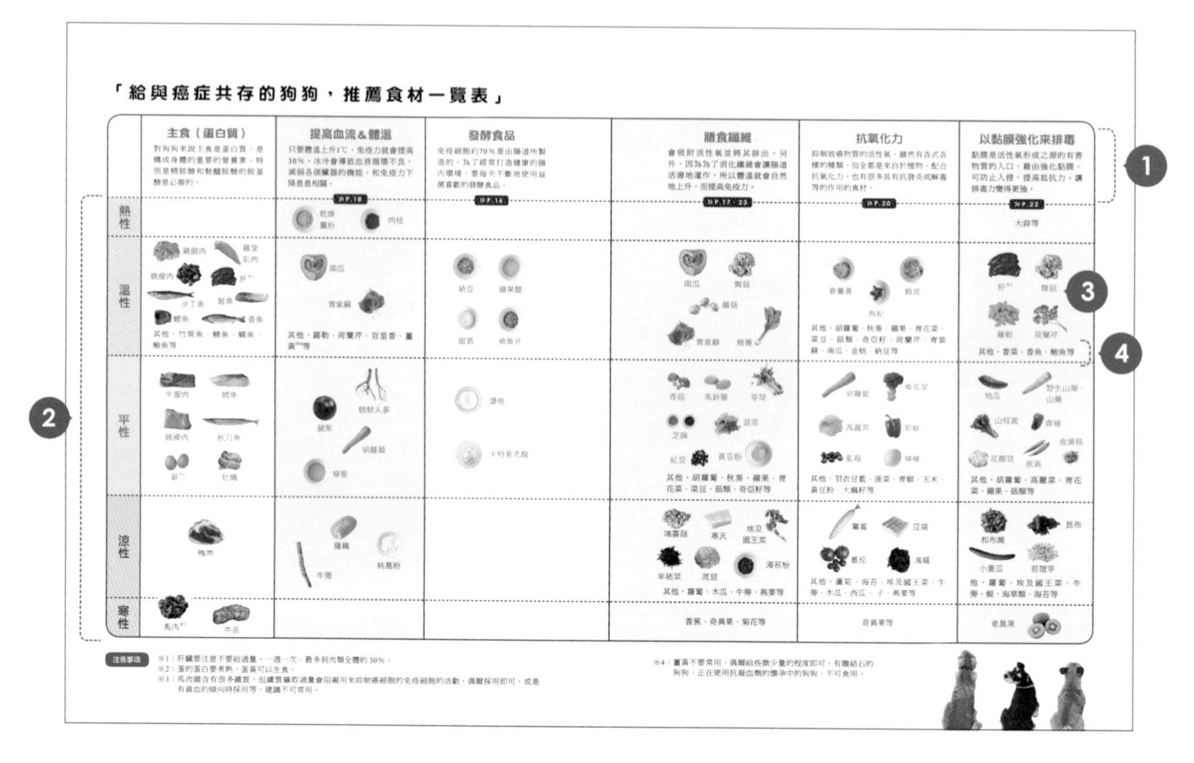

❶ 希望給與癌症共存的狗狗採用的、按各種營養素或備受期待的效果來分類。這個項目是和在第 1 章介紹的食材的挑選法對應，所以也請參考使用。

❷ 以藥膳的觀點為基礎，以可溫熱身體並促進血液循環的「溫熱性」、冷卻並淨化身體的「寒涼性」、以及不屬於以上任一種的「平性」，來分類食材。請以 P.39「以食物屬性取得平衡的方法」為參考，配合季節或身體狀況來觀察平衡。

❸ 含有對與癌症共存的狗狗有效的各種成分，特別推薦的食材，附照片來介紹。請試著優先採用。

❹ 因為要餵的食材儘量不要偏重某一些比較好，所以只用文字也介紹其他推薦的食材。請每一天輪流替換來餵。

RECIPE BOOK FOR
DOGS WITH CANCER

給與癌症共存的狗狗

推薦食材一覽表

依食材值得期待效果和各個食物屬性來匯整出，
給與癌症共存的狗狗的鮮食製作時的推薦食材。
請把附錄剪下來，貼在冰箱等來活用。
（詳細使用法參照 **P.142**）

「給與癌症共存的狗狗，推薦食材一覽表」

	主食（蛋白質） 對狗狗來說主食是蛋白質，是構成身體的重要的營養素。特別是精胺酸和麩醯胺酸的胺基酸是必需的。	提高血流&體溫 只要體溫上升1℃，免疫力就會提高30%。冰冷會導致血液循環不良，減弱各個臟器的機能，和免疫力下降息息相關。 » P.18	發酵食品 免疫細胞約70%是由腸道所製造的。為了經常打造健康的腸內環境，要每天不斷地使用益菌喜歡的發酵食品。 » P.16
熱性		乾燥薑粉、肉桂	
溫性	雞腿肉、雞里肌肉、鹿瘦肉、肝※1、沙丁魚、鮭魚、鰹魚、香魚 其他，竹筴魚、鯖魚、鯛魚、鮪魚等	南瓜、青紫蘇 其他，羅勒、荷蘭芹、百里香、薑黃※4等	納豆、蘋果醋、甜酒、柴魚片
平性	牛瘦肉、鱈魚、豬瘦肉、秋刀魚、蛋※2、牡蠣	朝鮮人蔘、蘋果、胡蘿蔔、蜂蜜	優格、卡特基乳酪
涼性	鴨肉	蓮藕、純葛粉、牛蒡	
寒性	馬肉※3、牛舌		

注意事項

※1：肝臟要注意不要給過量。一週一次，最多到肉類全體的30%。

※2：蛋的蛋白要煮熟，蛋黃可以生食。

※3：馬肉雖含有很多鐵質，但鐵質攝取過量會阻礙用來抑制癌細胞的免疫細胞的活動。偶爾採用即可，或是有貧血的傾向時採用等，建議不可常用。

膳食纖維	抗氧化力	以黏膜強化來排毒
會吸附活性氧並將其排出。另外，因為為了消化纖維會讓腸道活潑地運作，所以體溫就會自然地上升，而提高免疫力。	抑制致癌物質的活性氧。雖然有各式各樣的種類，但全都是來自於植物。配合抗氧化力，也有很多具有抗發炎或解毒等的作用的食材。	黏膜是活性氧形成之源的有害物質的入口，藉由強化黏膜，可防止入侵，提高抵抗力。讓排毒力變得更強。
»P.17、23	»P.20	»P.22
		大蒜等
 南瓜  舞菇 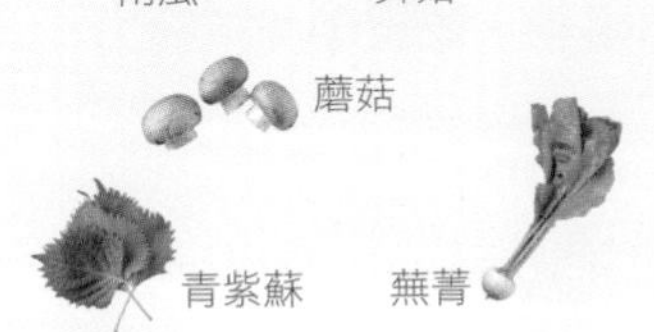 蘑菇 青紫蘇 蕪菁	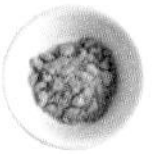 春薑黃 枸杞 蝦皮 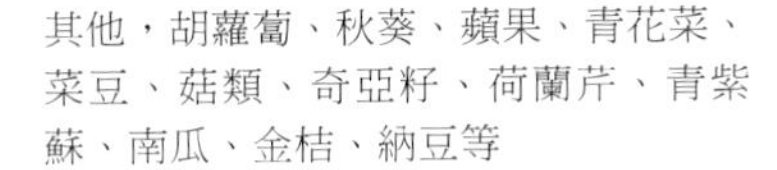 其他，胡蘿蔔、秋葵、蘋果、青花菜、菜豆、菇類、奇亞籽、荷蘭芹、青紫蘇、南瓜、金桔、納豆等	 肝※1  舞菇  羅勒  荷蘭芹 其他，香菜、香魚、鮪魚等
 香菇  馬鈴薯  芽菜 芝麻 菠菜 紅豆 黃豆粉 其他，胡蘿蔔、秋葵、蘋果、青花菜、菜豆、菇類、奇亞籽等	 胡蘿蔔  青花菜  高麗菜  彩椒 藍莓 檸檬 其他，羽衣甘藍、菠菜、青椒、玉米、黃豆粉、大麻籽等	 地瓜 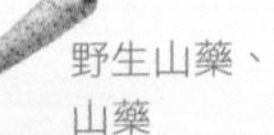 野生山藥、山藥  山茼蒿  青椒  花椰菜  秋葵  金滑菇  其他，胡蘿蔔、高麗菜、青花菜、蘋果、菇類等
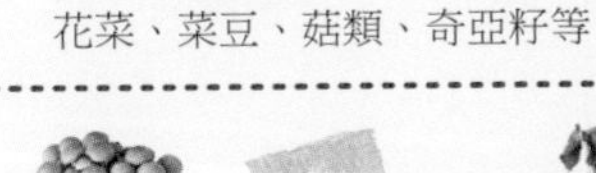 鴻喜菇  寒天  埃及國王菜 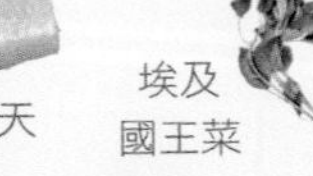  羊栖菜  萵苣 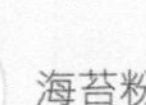 海苔粉 其他，蘿蔔、木瓜、牛蒡、燕麥等	蘿蔔 豆腐  番茄 海蘊 其他，蘆筍、海苔、埃及國王菜、牛蒡、木瓜、西瓜、 子、燕麥等	 和布蕪  昆布  苜蓿芽 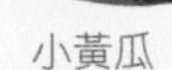 小黃瓜 他，蘿蔔、埃及國王菜、牛蒡、蜆、海草類、海苔等
香蕉、奇異果、菊花等	奇異果等	奇異果 

※4：薑黃不要常用，偶爾給些微少量的程度即可。有膽結石的狗狗、正在使用抗凝血劑的懷孕中的狗狗，不可食用。

台灣廣廈國際出版集團
Taiwan Mansion International Group

國家圖書館出版品預行編目（CIP）資料

狗狗抗癌飲食全圖解：選用當令食材，自製日常食療及點心料理，每天1碗有效排出毒素，吃出最強抗病力！/俵森朋子著. -- 初版. -- 新北市：蘋果屋出版社有限公司, 2022.06
面；　公分
ISBN 978-626-95574-2-4（平裝）

1.CST：犬 2.CST：寵物飼養 3.CST：食譜

437.354　　111005483

狗狗抗癌飲食全圖解

選用當令食材，自製日常食療及點心料理，每天1碗有效排出毒素，吃出最強抗病力！

作　　者／俵森朋子
翻　　譯／胡汶廷
編輯中心編輯長／張秀環・**編輯**／陳宜鈴
封面設計／張家綺・**內頁排版**／菩薩蠻數位文化有限公司
製版・印刷・裝訂／皇甫彩藝・秉成

行企研發中心總監／陳冠蒨
媒體公關組／陳柔彣
綜合業務組／何欣穎
線上學習中心總監／陳冠蒨
產品企製組／黃雅鈴

發 行 人／江媛珍
法律顧問／第一國際法律事務所 余淑杏律師・北辰著作權事務所 蕭雄淋律師
出　　版／蘋果屋
發　　行／蘋果屋出版社有限公司
地址：新北市235中和區中山路二段359巷7號2樓
電話：（886）2-2225-5777・傳真：（886）2-2225-8052

代理印務・全球總經銷／知遠文化事業有限公司
地址：新北市222深坑區北深路三段155巷25號5樓
電話：（886）2-2664-8800・傳真：（886）2-2664-8801
郵政劃撥／劃撥帳號：18836722
劃撥戶名：知遠文化事業有限公司（※單次購書金額未達1000元，請另付70元郵資。）

■出版日期：2022年06月
ISBN：978-626-95574-2-4